太空遨游

全新知识大揭秘

于洋◎编写

吉林出版集团股份有限公司
全国百佳图书出版单位

图书在版编目（CIP）数据

太空遨游 / 于洋编. -- 长春：吉林出版集团股份有限公司, 2019.11（2023.7重印）
（全新知识大揭秘）
ISBN 978-7-5581-6329-6

Ⅰ.①太… Ⅱ.①于… Ⅲ.①宇宙-少儿读物 Ⅳ.①P159-49

中国版本图书馆CIP数据核字（2019）第003188号

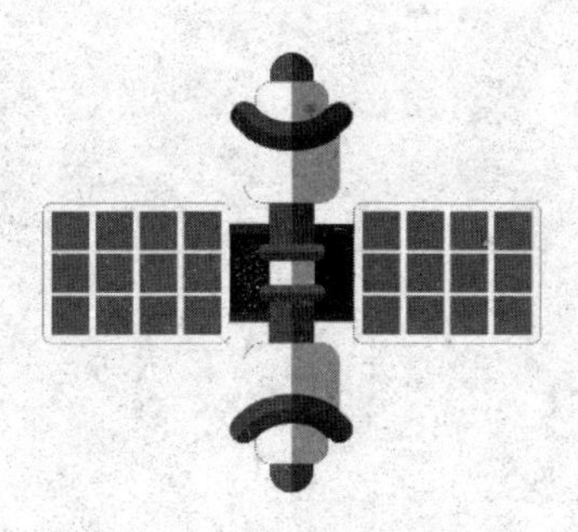

太空遨游

TAIKONG AOYOU

编　　写　于　洋
策　　划　曹　恒
责任编辑　李　娇　息　望
封面设计　吕宜昌
开　　本　710mm×1000mm　1/16
字　　数　100千
印　　张　10
版　　次　2019年12月第1版
印　　次　2023年7月第2次印刷

出　　版　吉林出版集团股份有限公司
发　　行　吉林出版集团股份有限公司
地　　址　吉林省长春市福祉大路5788号
　　　　　邮编：130000
电　　话　0431-81629968
邮　　箱　11915286@qq.com
印　　刷　三河市金兆印刷装订有限公司

书　　号　ISBN 978-7-5581-6329-6
定　　价　45.80元

QIANYAN 前言

1981 年 4 月 12 日 7 时整，美国的“哥伦比亚号”航天飞机在佛罗里达州肯尼迪宇航中心冲上天空。这次历史性试飞的成功，标志着世界航天事业进入一个新的时代——航天飞机时代。

美国宇航局在 20 世纪 80 年代提出了建造国际空间站的建议。随后，欧洲航天局的 11 国和日本、加拿大、巴西等国陆续支持这一建议。1993 年 11 月 1 日，美国、俄罗斯签署协议，决定携手建造国际空间站。1995 年 6 月 29 日，美国“亚特兰蒂斯号”航天飞机与俄罗斯“和平号”空间站第一次对接，开始了总计 9 次的航天飞机与空间站的对接，为建造国际空间站拉开了序幕。

从第一颗人造地球卫星进入宇宙空间时起，人们就开始对宇宙空间进行了广泛的直接探测。几十年来，数百颗卫星和飞船，几十名宇航员，在宇宙空间的各个角落，通过各种方法，进行了无数次的测量和观测，取得了大量的数据和图片，使人们认识到茫茫的太空并不是空无一物，而是充满着各种各样的物质。太空具有极为复杂的结构，不断地发展变化，有时甚至会发生激烈的“风暴”。

近地空间探测。探测地球附近几万千米的近地空间的第一个重大发现是 1958 年 1 月 31 日美国发射的“探险者 -1”号卫星取得的。

前言 QIANYAN

月球探测。1969 年 7 月 16 日，美国的“阿波罗 -11”号飞船发射升空，开始了人类第一次登月航行，终于将宇航员送进了“月宫”，在静谧的月球表面第一次留下了人类的足迹。

由于当代宇宙科学技术的迅猛发展，开发太空资源已经不是幻想，而是逐渐变为现实。

微重力资源是一种很有价值的新资源。在宇宙空间，重力只是地球的百万分之一。在这种微重力的情况下，物质能够得到良好的结合，从而制造出地球上不能合成的合金材料。

空间能源主要是指太阳能。在空间轨道上，太阳能装置可以做得很大，而且可以长期使用，同样的面积获得的能量要比地面上多好多倍。

高真空是在高度真空的环境中，由于没有空气和灰尘，因此可以进行高纯度、高质量的冶炼、焊接，分离出一些物质。

宇宙矿藏是极丰富的。据初步查证，月球上有 50 多种矿物质。

高远位置的开发利用给人类带来巨大利益。人造地球卫星上天为开发空间高远位置资源创造了条件。

这些完美的太空资源，为发展航天产业奠定了基础。

MULU 目录

第一章 宇宙航行

目录 MULU

MULU 目录

目录 MULU

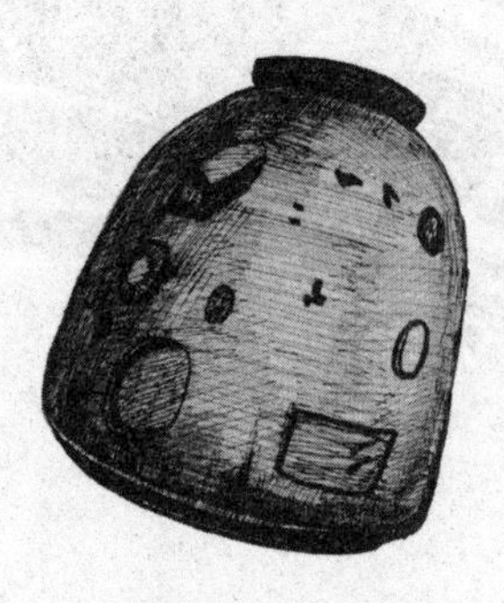

第一章
宇宙航行

自从第一颗人造卫星上天以来，全世界已经发射了几千个航天器。每发射一次卫星，就要消耗一支巨大的火箭。珍贵的人造卫星也只能使用一次。这是航天活动代价高昂的原因之一。为了解决这个问题，美国在“阿波罗”登月工程完成以后，就着手研制一种经济的、可以重复使用的航天器，这就是“航天飞机”。

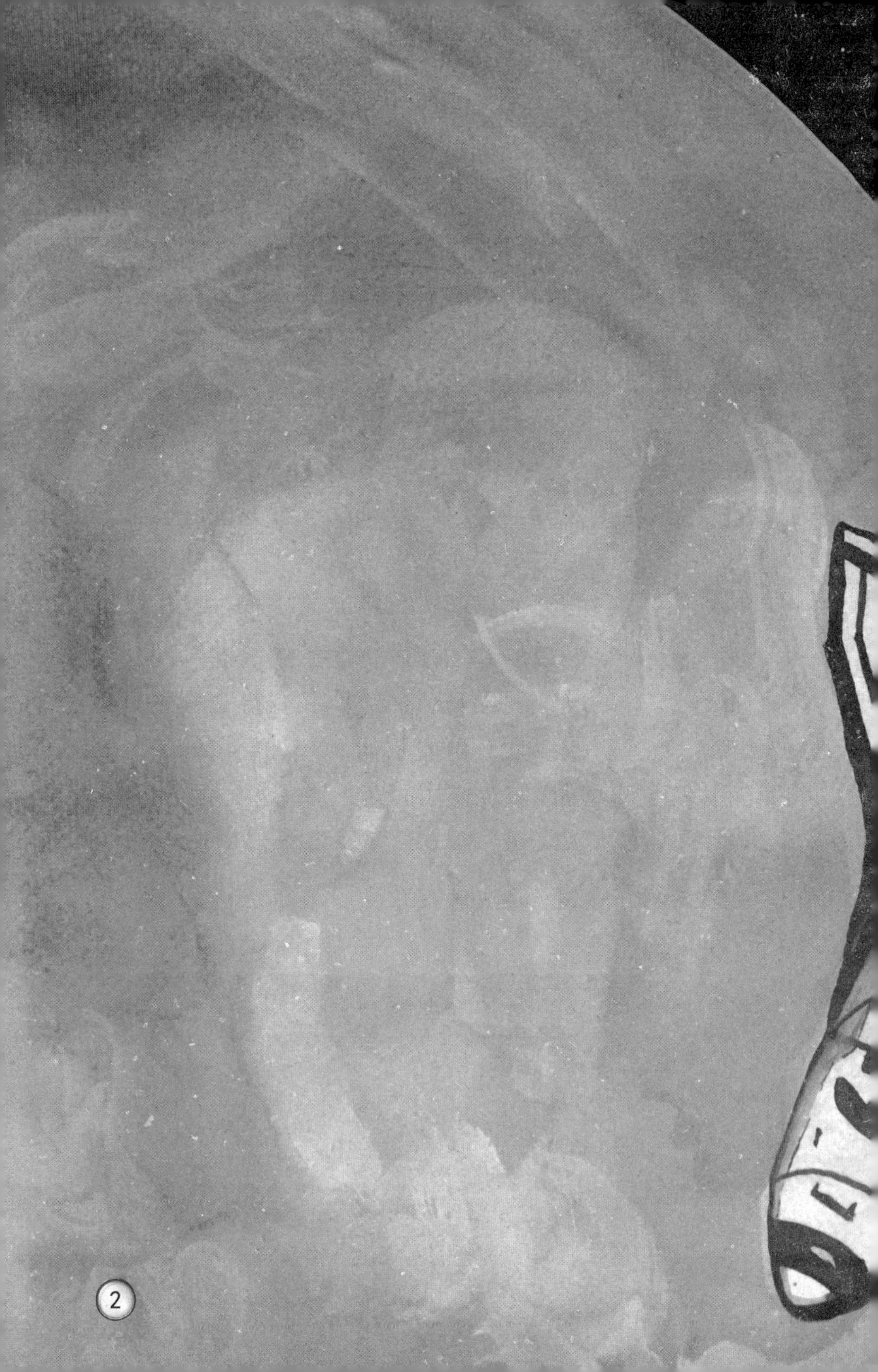

航天飞机

1981年4月12日，美国航天飞机“哥伦比亚号”在一阵轰鸣声中飞向天空。4月14日，它按计划回到了地面，航天飞机上的两位宇航员受到热烈欢迎。

航天飞机，就是能进行空间飞行的飞机，区别于航空飞机。它像火箭一样垂直起飞，冲出稠密的大气层，进入绕地球转的运行轨道，成为一艘载人飞船；在宇宙空间进行了各种科学活动之后，又能像飞机一样重返大气层，靠惯性滑翔飞行，然后在机场跑道上水平着陆。所以，航天飞机是火箭和飞机的结合。

航天飞机作为往返于空间的运输工具，具有特殊的性能和显著的优点。它垂直起飞，水平降落，同时还能在空中横向飞行。在轨道上运行时，可以进行多次空间机动飞行，以完成各种交会、捕捉等任务。它能处理飞行过程中出现的各种故障，具有较高的安全飞行能力。它能够提供优越的力学环境条件，同火箭相比，人或货物受到的冲击和振动要小得多。

航天飞机经过一次飞行后，可能被陨石和气动加热弄得满目疮痍，但经过整形修理后，便可以焕然一新，再进行下次飞行。每架航天飞机可以重复飞行100次以上。

航天飞机的“盔甲”

航天飞机既能像火箭一样垂直起飞，又能像飞船那样在轨道上运行，在进入大气层时还能像飞机那样水平着陆，这就对航天飞机外壳防热材料的性能提出了多种要求：既能经受进入大气层时，由于机身同大气剧烈的摩擦所产生的1000℃以上的高温，又能经受在轨道运行时从121℃到-156.7℃的温度交变，还能重复使用100次以上，具有优异的隔热、防水性能和非常小的密度等。

为解决航天飞机外壳的防热问题，如果采用导弹或飞船头部或裙部用的那种防热材料，它的耐高温性和防热性能倒是绰绰有余，可惜在进入大气层时，这种材料大部分就会被烧蚀光了，剩下的也只是一触即碎的烧焦碳层，更不用说它的密度太大这一弱点了。于是人们很自然地想到采用几种材料复合的办法，使其各施所长，以适应航天飞机防热的需求。科学家从20世纪70年代便开始了探索，一种结构独特、功能多样的防热瓦终于诞生。

航天飞机进入大气层时，表面各部位的温度具有明显的差别，这就要求在不同温度下使用不同的防热瓦。整个机身外壳需要防热的面积大约有1100平方米，其中除头锥帽和机翼前缘等40平方米的部位温度最高（1400℃～1500℃以上），需要用碳-碳复合材料做防垫壳以外，其余部位表面均要铺覆上不同种类的防热瓦。

中国航天
CZ-2F

走进宇航发射场

宇航发射场是卫星和飞船起飞的基地。

发射台是竖立运载火箭实施发射的地方。发射台由两部分组成，

底座和竖在其上的脐带塔。底座呈八角形，由钢筋混凝土浇筑而成，面积约 65 万平方米。脐带塔又叫供应塔，支撑着各种管道和电缆，负责向航天飞机和运载火箭供气、供电、供燃料，塔上设有 9 个摇臂、17 个工作平台，塔顶装有一部 25 吨的悬臂起重机，可在 360 度范围内工作。从底座平面到塔顶高 135 米，总重约 5400 吨。

和发射台脐带塔并驾齐驱的是勤务塔，它是桁架式钢结构，高 127 米，总重 4250 吨，塔上设有 5 层封闭式工作平台，它的功能是在准备发射期间为运载火箭安装危险的物品和其他不便于总装厂安装的设备，它在发射点火时被撤出，停放在 1.6 千米以外的场地。

发射控制中心离总装测试厂房不远，主要负责发射前的检查和发射时的指挥。中心控制室装备着 1.3 万多台电子计算机和仪器设备，实施对整个发射的指挥控制。

发射上天，遨游宇宙

当主发动机点火时，机舱内的宇航员们感觉到在他们的下面响起了一阵强烈的火焰轰鸣声以及一种突然略向外挂燃料箱倾斜的感觉。

最后 2 秒钟，航天飞机里的电脑对主发动机喷出的气流压力及其产生的推力做自动检测，确认达到规定指标时，两台固体燃料火箭助推器的点火装置立即将助推器里装填的一种高度易燃的铝粉点燃。这时，主发动机推力再次得到调整，

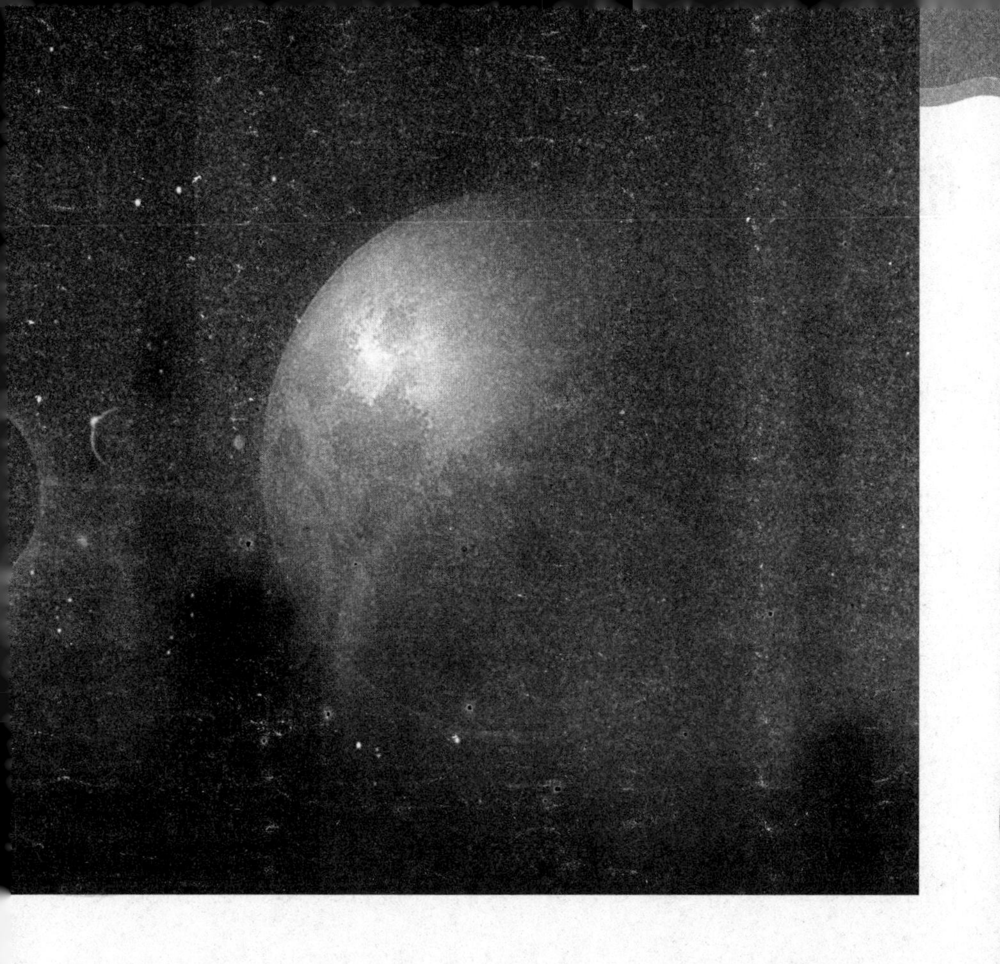

增加到100%。仅仅60秒钟，航天飞机上升到了离地面45千米处，速度达到每小时近5000千米。

起飞2分钟后，两台助推器自动从外挂燃料箱两侧脱离。

没有了助推器和外挂燃料箱的航天飞机刚刚升到大约110千米的高空，离开预定轨道还有一大段距离，飞机还必须再次加速，才能完成最后一段征程。历时2分30秒，航天飞机再次加速，从而扶摇直上，抵达南太平洋上空椭圆形轨道的远地点。这时，轨道姿态控制发动机点火1秒钟，使航天飞机进入稳定的环形绕地重复轨道，从此刻起，航天飞机便开始依靠惯性在宇宙空间里遨游了。

航天飞机承担的任务

航天飞机既是运载火箭，也是宇宙飞船，又是航空飞机。所以，它可以承担很多任务。

它可以把“空间实验室”送入太空。科学家在空间实验室里，不但可以进行地球资源的探察，进行空间加工和制造，而且还可以展开各种基础科学的研究。

它可以在近地轨道间往返运送各种应用卫星和科学卫星。由于航天飞机的货舱容积庞大，每次可以容纳达几十吨的有效载荷，因此具有运载大型卫星的能力。

它可以作为未来大型空间结构的运载工具和建造平台。在这一点上，航天飞机更能显示出它那非同寻常的潜力和划时代的意义。利用航天飞机一次次地运送设备，人们便可以在地球轨道上组装大

型太阳能电站、大型空间加工厂、太空医院。

原来有些在地球上做不到的事，在太空工厂里将能够做到。例如，轮子上用的滚珠因地心吸力的作用，在地球上做不到绝对的圆，而在太空中就能解决这个问题。在太空医院里，烧烫伤的病人飘浮在空间，免除了与床面的接触，伤皮渗出的血清能快速凝结，避免伤皮大量失去血清，加上太空病室绝对无菌，容易治疗。

此外，在勘探矿藏、预测地震、预报地震、预报气象、预告旱涝灾害、侦察海洋鱼群、侦察农作物的病虫害等方面，在太空都有它独到的优越性。

摘下天上的“星星”

1984年11月12日和14日，美国航天飞机“发现号”，从地球轨道上“摘下”两颗“星星”——人造地球通信卫星，并把它们运回地面。

这两颗“星星”，一颗是印度尼西亚的“帕拉帕-2”号通信卫星，另一颗是美国西方航空公司的“西联-6”号通信卫星。

九重天外摘“星星”的过程分两个阶段进行：首先是“追赶”，之后是“捕捉”和“搬运”。

这两颗卫星由于火箭发动机失灵，因此进入了一条“无用”的椭圆形轨道。而航天飞机的圆形运行轨道一般离地面300千米左右。

这次摘的第一颗“星星”是印度尼西亚的“帕拉帕–2”号通信卫星，最先出马的那个宇航员叫艾伦。由于准备用来夹住卫星圆形天线的框架窄了0.5厘米，因此不能使机械手臂发挥作用，结果艾伦像抱着一个哭闹踢打的孩子，与另一个守候在货舱里的宇航员加德纳一起费了九牛二虎之力，才把卫星拖进并且锁定在货舱里。整个捕捉和搬运过程花了6小时10分钟，比原定的时间延长了10分钟。

11月14日，摘第二颗“星星”先由加德纳出征，这次接受了上一次的教训，艾伦骑在机械手臂的顶端工作台上，抓住顶端不放，按照同伴指令翻动它的位置。加德纳将卫星尾部锁住，留在舱里的女宇航员还是像头一次一样在舱内操纵机械手臂，这样终于把第二颗失控卫星拉进并且固定在货舱里。

航天飞机“摘星星”的活动获得成功，被认为是“航天史上最雄心勃勃和最重要的活动之一”。

在太空给“星星”看病

1984年4月8日，美国航天飞机“挑战者号”开始试图在太空中修理一颗发生故障的太阳活动峰期探测卫星，开始几次都失败了。

4月8日，航天飞机追上了太阳探测卫星，并和它保持60米左右的距离。宇航员纳尔逊使用以氮射流为推进剂的喷气背包，飞出了航天飞机，逐步靠近了虽已出故障可还在运行的太阳探测卫星。

纳尔逊用戴手套的手抓住了卫星的一片太阳能板，要将卫星拖回机舱，指令长克里平却命令他立即返回，原因是他背包上的氮气已经消耗殆尽。纳尔逊返回航天飞机后，克里平使航天飞机更靠近卫星，然后宇航员试图用机械臂抓住这颗缓缓旋转的卫星，又没成功。

4月10日，在最后一次的尝试中，指令长克里平和驾驶员斯科比谨慎地发动了几枚火箭，然后小心翼翼地操纵航天飞机靠近那颗卫星。宇航员哈特操纵航天飞机上的机械手，抓住了卫星，并将它从轨道上拖进航天飞机货舱内。

这颗太阳活动峰期考察卫星是1980年2月发射进入运行轨道的。由于保险丝出现故障，10个月之后就基本停止了工作。这颗卫星被称为美国观测太阳的“一只眼睛”。

24 小时看到 16 次日出

在载人航天器上生活的人，一天可以看到数次日出，这是因为航天器绕地球轨道飞行，每飞行一圈可以看到一次日出。每次间隔的时间长短，和绕地球飞行的轨道高低有关。轨道高，日出的间隔时间长，反之则短。40 年来的载人航天器的运行轨道都还是近地球轨道，飞行高度一般在 300 ～ 600 千米，绕地球飞行一圈需 90 分钟左右，所以在航天器上的人，24 小时之内可以看到 16 次日出。

在宇宙间看日出，不受气候影响。由于太空没有气象上的云雨天气，因此太空看日出是十分壮观的。美国一位宇航员说，航天飞机飞行速度很快，太阳出来时好像“迅雷似的”一跃而出，太阳落山时也一样迅速地隐去。日出前，先出现鱼肚色，接着是几条月牙形彩带，中间宽，两头窄，两头隐没在地平线上，突然，耀眼的太阳从彩带最宽处一跃而出，一切色彩顷刻消失。虽然每次日出、日落仅仅维持几秒钟时间，但至少可

以见到 8 条不同的彩带出没。12 小时之内可以见到 8 次日落、日出，而彩带没有一次是相同的。地面上的彩虹，七种颜色搭配，到处都一样。而太空中彩带的颜色，每次都在变。彩带的密度每次也不尽相同。我们知道，彩带实际上是地球上空的气体被污染的证明。我们见到的最壮观的日出、日落景色，就是出现在大气污染最严重的地区。

从太空看地球

美国航天飞机“哥伦比亚号”的宇航员约瑟夫·艾伦描述了在太空看地球的情景。

他说：“地球不再像从高空飞行的飞机上所看到的那样扁平了。它成了一个球体……当我往下看时，看到的物体是一层层的，看到云层高悬在空中，它的影子落在阳光普照的平原上，看到非洲一些地方出现灌木林火，一场雷电交加的暴风雨席卷了澳大利亚的大片地区，呈现出整个大自然的一幅立体风景画……从轨道上很难看到城市的灯火，除非你在夜晚正好越过一个灯火通明的大城市上空。我们可以看到迈阿密、伯恩和澳大利亚一些沿海城市的灯光，因为我们正好在它们的头上通过。但是，我们看不见纽约的灯光，因为它在北面，离得太远了。”

1969 年，美国宇航员从月球上观赏了地球的美景。从月球上所看到的地球，比从地球上所看到的月亮大 4 倍，亮几十倍，其他的星星从地球的身后缓缓而过。更迷人的是地球那层次丰富的色彩：白色的云朵，蓝色的海洋，棕色、黄绿色的大地，甚至能看到一条弯曲的黑线，那是中国的万里长城……

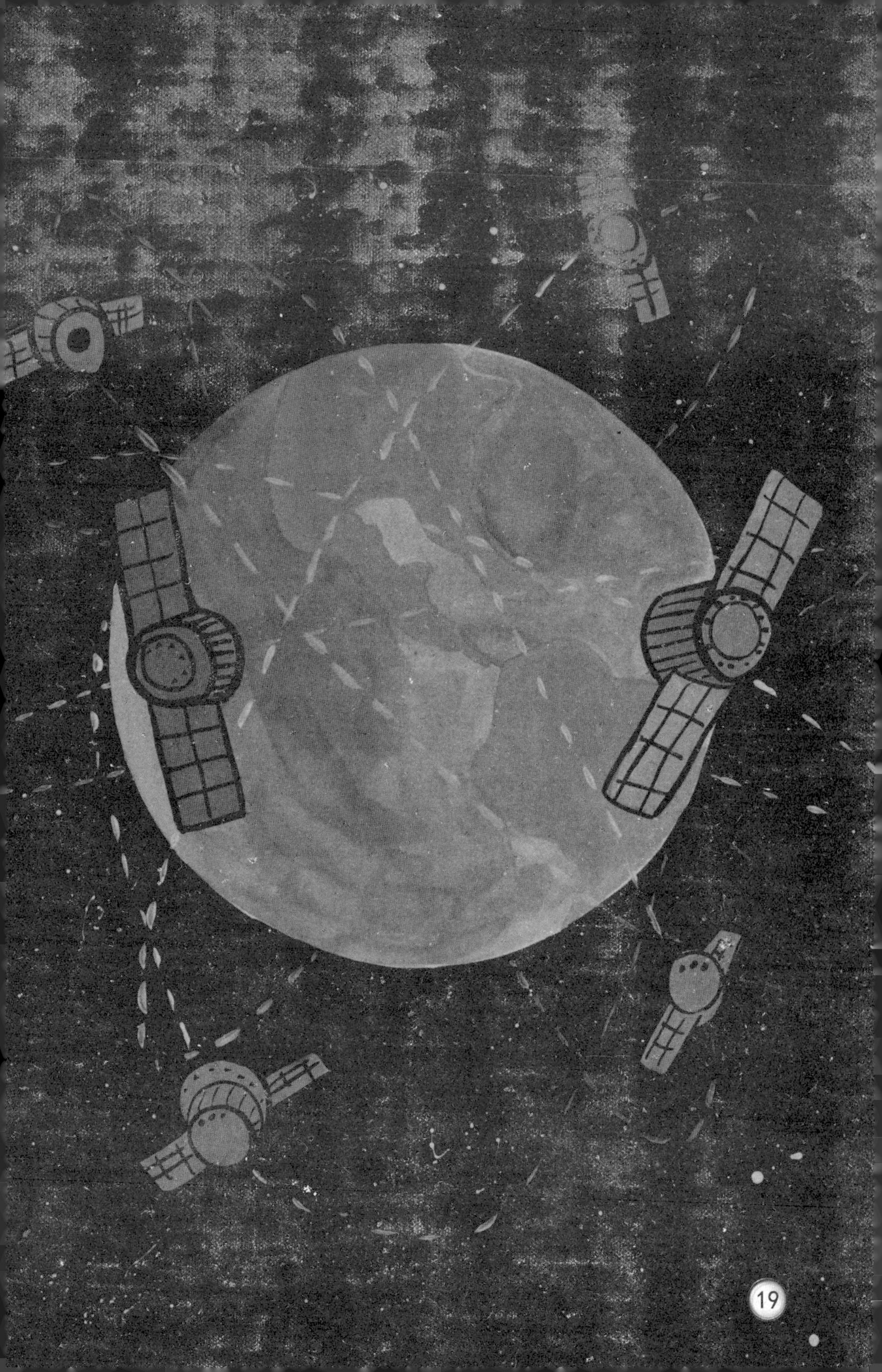

用生命铸成的教训

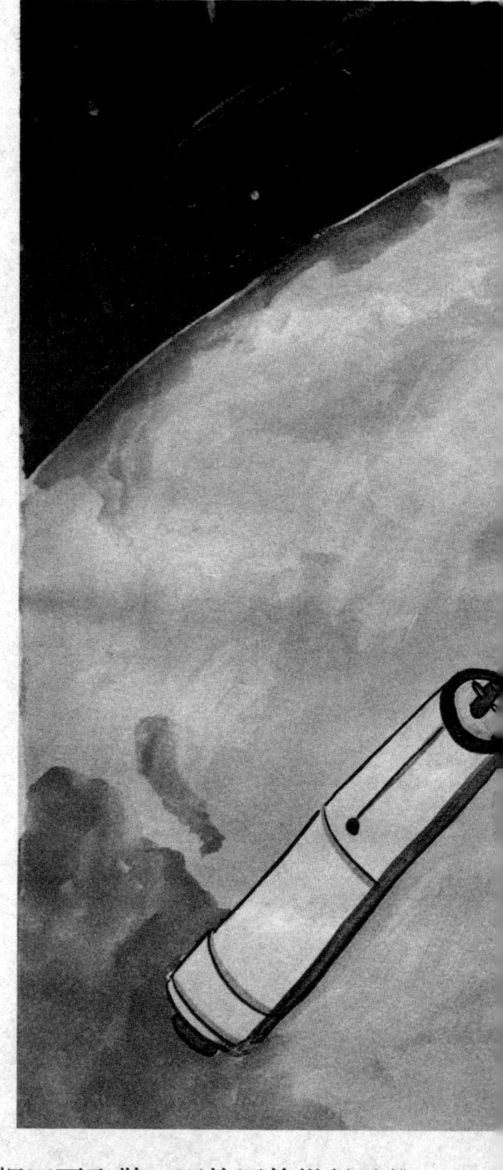

1986 年 1 月 28 日 11 时 28 分，美国佛罗里达州卡纳维拉尔角肯尼迪航天中心气温降至 0℃，发射架和航天飞机上挂满冰柱。

在隆冬的阳光照耀下，“挑战者号”航天飞机熠熠生辉，即将开始它的第 10 次飞行。这次，它将满载着全体美国儿童的希望，把康科德中学的女教师克里斯塔·麦考利夫和其他 6 名宇航员送上太空。突然，“挑战者号”右侧火箭助推器冒出一股火苗，火舌窜出，越烧越大，迅速吞没了巨大的外部燃料箱。刹那间，“挑战者号”变成一个橘红色火球，随即分出许多小叉，拖着火焰和白烟四下飞散。两枚固体燃料助推火箭脱离火球，因失去控制呈“V”字形向前上方飞去。天空中飘落的无数碎片与浓烟搅在一起，犹如长着两只脑袋的恐龙。“挑战者号”航天飞机升空只有 73 秒钟，便在爆炸声中化为灰烬。

初步调查结果表明，当“挑战者号”起飞后外挂燃料储存箱里的超冷火箭燃料渗漏到助推器连接处时，结了冰的密封胶垫未能封住火箭侧面冒出来的火焰，从而导致爆炸。爆炸致使 7 名宇航员丧生，价值 12 亿美元的航天飞机被毁。

太空垃圾坠地与伤人

太空科学家们采用各种办法对太空垃圾的产生及其数量和危害进行观测。美国科学家们用高倍望远镜向天空分区观察，然后用“外插法”计算，推定有 3 万～5 万件“废弃物”在地球轨道上飞行。一些科学家用由电子计算机、26 个雷达站和 6 台望远镜组成的“全

球网络”对轨道上的“废弃物”进行测算，平均每天收集到4.5万件“废弃物”影像。

据太空科学家估计，在近地轨道上除了这些可测见的“废弃物”外，还有几百万个微小的碎片。

这些轨道上的飞行物是40多年来人类发射上去的飞行器及其碎片。体积较大的除了几千个正在运行的人造卫星外，有些是废弃的卫星和火箭发动机，还有数万件约有棒球大小的人造卫星碎片。此外还有几百万个豆粒和火柴头大小的碎片和火箭、宇宙飞船上剥落下来的油漆。

由于海洋占地球表面的3/4，太空中降落的物体只有1/4的可能性落在陆地上。

围绕地球以每小时2.8万千米旋转的垃圾可能给太空中的宇航员惹麻烦，这也是在太空中建造国际空间站的主要原因。随着各国进入太空的火箭制造技巧越来越娴熟，太空垃圾的数量将越来越容易控制。

清除充斥于太空的垃圾

所谓“太空垃圾”，就是人类在进行航天活动时抛入太空的各种物体和碎片。

这些垃圾大致可分为三类。第一类是现代雷达能够监视和跟踪的比较大的物体，主要是各种卫星、卫星保护罩、各种部件等。第二类是个体很小，无法用地面雷达监视和跟踪的各类小碎片，其数量简直无法计算。这类太空垃圾主要由卫星、火箭发动机等在空间爆炸而产生。第三类是美国和苏联都发射过的利用核反应堆提供动力的卫星。现在，太空中还有几十颗这类卫星围绕地球运行。

当前，科学家们已提出了一些限制和减少太空垃圾，以致最终消除它们的方案。

减缓方案——把运载火箭设计成“无垃圾”型，除由火箭载送入轨的航天器外，其他部分在完成运载使命后，都丢弃在很低的高度，以很低的速度飞行，使它们很快坠入大气层烧毁。

搬移方案——利用一个有机动能力的航天飞行器，去接近和捕捉轨道上已报废的卫星和末级火箭，将它们加以回收，或者给它们施加一定的速度，将它们推至不影响航天活动的轨道上去。

清除方案——对付太空垃圾，主要办法是使它们下降到大气层烧毁。

不时发生的太空“车祸”

1979年8月30日，美国“P78-1”号卫星拍摄到了一个罕见的现象：一颗彗星以每秒560千米的高速度，一头栽进了太阳的烈焰之中。卫星照片清晰地记录了彗星冲向太阳、被太阳吞噬的情景，12小时以后，彗星就杳无影踪了。

因为太阳表面温度甚高，所以太阳曾与多少行星、彗星相撞过我们已无法考证。而在月球上，星体的每一次撞击，几乎都留下了痕迹。地球也遭到过行星撞击，地球环绕着倾斜的地轴自转这一事实就是证据。

地球侧斜着身子绕太阳运转。正因为如此，地球上才有春夏秋冬之分。地轴为什么会倾斜呢？科学家提出：在地球形成后约1亿年，地球轨道近处一个小行星突然闯进地外空间，与地球猛烈相撞。由于原始地球没有大气层保护，因此这颗直径约1000千米、重量达1012亿吨的星体以每秒11千米的速度撞向地球，使地球的自转轴发生了23.5度的倾斜，表面温度升高了1000℃。这一飞来横祸反而成了好事，使地球从此有了四季，更适宜生物繁衍生长。

生物考古证明，曾称霸于地球的恐龙，就是那个时期在地球上销声匿迹的。

随着科学的发展，人们还希望能够预防祸端。如设想应用航天技术来制导、截俘这些可能撞击地球的小行星，或设法使它改变轨道，或用氢弹在太空中将它炸碎。

理想的太空核废料场

1 千克铀 235 经过裂变反应所释放的原子能，相当于 2500 吨优质煤燃烧产生的能量。然而，人类在利用原子能的同时，也产生了带有放射性的核废料。如果处置不当，将会严重污染环境，给人类带来严重的灾难。

对于这些难以应对的物体，目前各国所用的处理方法是：将它们装在能防辐射的密闭容器内，然后将这种特殊容器置于坑道内或沉到海底。可是这两种处置核废料的方法，都没有从根本上解决问题，危害性物质仍留在人们赖以生存的地球上。

为此，科学家们经过努力，终于找到一种从地球上去掉核废料的好方法——太空处置核废料。

经过反复研究，科学家们总算找到了一个比较理想的场所，这就是以太阳为中心，以 0.85AU（AU：天文单位，是地球与太阳之间的平均距离，等于 1.496×10^8 千米）为半径的日心轨道。这个轨道在地球与金星之间。把核废料送到这样的轨道上，可在金星与地球之间稳定运行 100 万年，完全可以达到使地球环境免受核污染危害的目的。其所需的发射功率远比将这些核废料送出太阳系要小，按目前的航天技术是可实现的，因而在经济上和技术上都是可接受的。

航天气象

航天气象中心的主要工作是天气预报、气象观测与探测，以及提供航天技术所需要的气象资料。

卫星和飞船是在距地球表面几百千米以上的高度飞行的，虽然在这样的高度上大气密度已极其稀薄，但对卫星和飞船还是有影响的，特别对那些在低轨道运行的卫星和飞船，影响十分明显。这种影响的主要表现是大气阻力摄动。大气阻力的摄动会影响其轨道的大小、形状和存在时间，使其轨道高度降低，轨道不断缩小，最后使卫星和飞船坠入稠密大气层，终止飞行。为了确定卫星和飞船的真实位置，必须运用大气阻力摄动的基本方程，精确地计算出大气阻力摄动数据。对于需要回收的航天飞行体，在完成了预定的任务之后，从轨道下降点安全地返回地球，并且还要到达地球上的特定地点。等到再入时，

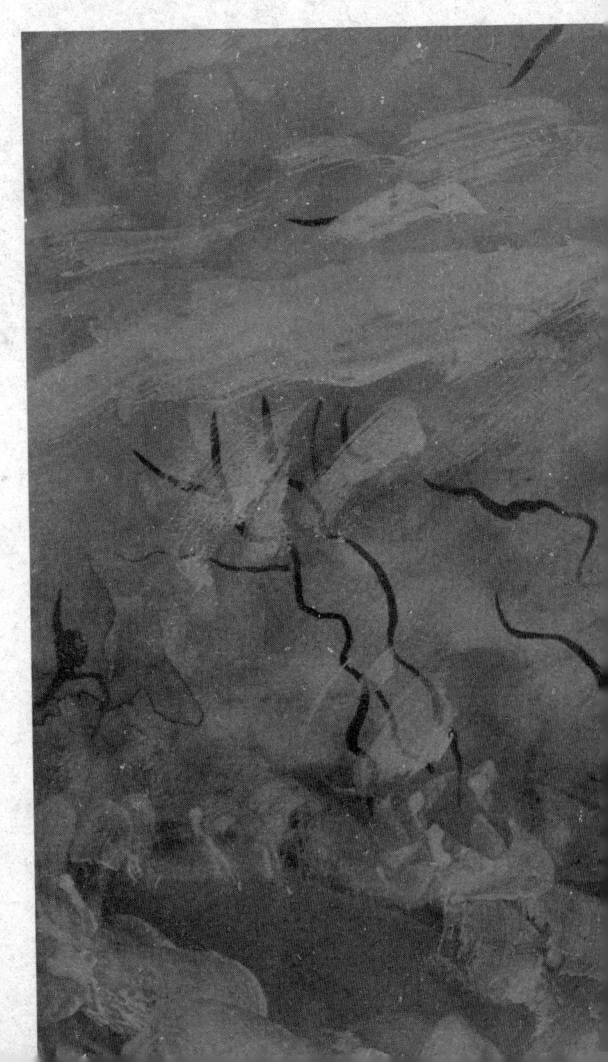

航天体要进入指定的狭窄再入走廊，而确定再入走廊，就需要高层大气密度、温度和风的精确资料。当航天体进入稠密大气层直到张开减速伞下降时，会受到严重的气动力影响。对流层顶的急流区及其以下的高空风对两级开伞和开伞后的航天体运动，都有重要影响。航天体着陆的预报运动区域是相当大的，气象部门不仅要对预定回收地点提供天气预报，而且还要对几个应急回收地点，以及可能出现事故致使航行不能按期结束的轨道，提供天气预报和气象资料。

太空舱内的“水灾”

地球有一种神奇的力量，它能把地面上的物体向下拉，这种力叫作重力。熟了的苹果只能向下落，不会朝其他方向飞去；你使劲儿往上跳，即使跳得很高，总是很快落到地面。

重力是地球表面附近物体所受到的地球引力。重力的大小随着高度的增加而迅速减小。在地面上，体重是50千克的登山运动员登上珠穆朗玛峰峰顶时，体重大约减轻0.14千克。当飞船和航天飞机

在太空飞行时，机舱内的物体和人员处于失重状态，任何东西一旦脱手，便会在空间中飘动，难以收拾。

1977年，苏联发射的“礼炮号”在太空进行科学实验。在两位宇航员所从事的多项科学研究中，有一项是灌溉和观测几盆带上太空的植物。头几天，实验工作进行顺利，但在4天之后，两位宇航员浇水时，偶一不慎，把浇水的容器打翻了。有2升多的清水逸出，在空间中凝聚成一个球形的水泡。水泡不受控制地飘动奔逸，使两位宇航员束手无策。

浮动水泡有可能会酿成大灾难，因为只要水泡碰触到舱内的仪器或实验品，就有让它们受到损坏的危险。一位宇航员想出了一个极原始而又有效的办法，即与另外一位宇航员追赶水泡，不断地把飘浮的清水，大口地吞入口中，经过几小时的吸啜，终于把这些灾难性的清水喝个一干二净，避免了一场危机。

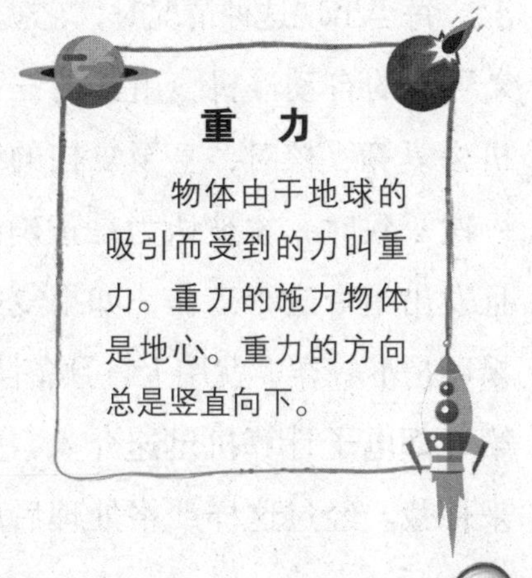

重　力

物体由于地球的吸引而受到的力叫重力。重力的施力物体是地心。重力的方向总是竖直向下。

航天飞机的灵魂

电子计算机是用电子管、晶体管或集成电路等构成的复杂机器，能对输入的数据或信息非常迅速、准确地进行运算和处理。电子计算机又称为“电脑”。

航天飞机的控制系统是电子计算机，有人称其为航天飞机的灵魂。

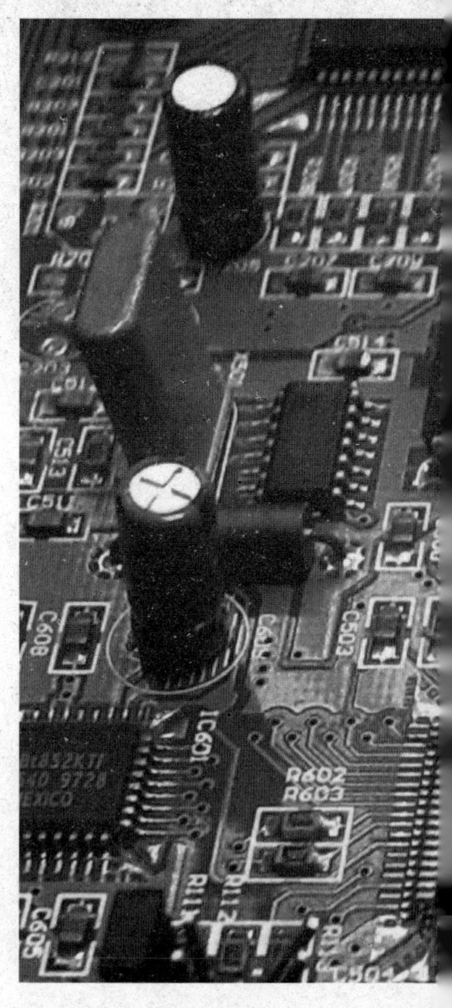

航天飞机的计算机系统共有五套，其中有一套是作为“预备队”使用的。四部计算机可以同时处理几种信息，也可以同时处理一种信息。但是，其处理结果必须是一致的，才能发出动作指令，否则，这种结果将被认为是错误的。这样，四部计算机就可互为引证进行校对。有时也可能出现一部计算机的结果与其余三部不同的情况。每当出现这种情况时，它就会“害羞”似的自动停机，由其他三部计算机去复算、核对，直至复核的结果再一次一致时，才被认为是正确的，并且发出指令进行工作，如果复核的结果还是不一样，就用上“预备队”了。第五部电子计算机迅速介入，并由它来仲裁。经过这样严格处理后所发出的指令就确实可信了。

航天飞机上的计算机就像人的大脑一样，可它运转得比大脑要快得多。经过精密计算和仔细核对之后发出的指令准确无误，这就大大地减轻了地面遥控中心的负担。美国在“阿波罗”空间飞行时期，所有宇宙飞船的行动都是由地面控制中心来完成的，操纵人员达 100 多人。现在，由于采用了计算机系统，航天飞机在升空时，只要 4 个人进行控制监视就够了。

航天飞机的“手臂”

美国航天飞机“哥伦比亚号”在第二次54个小时的飞行中，宇航员花了近一天时间对它的遥控操纵系统进行了各种测试，结果表明它已达到设计要求。

遥控操纵系统，又名太空起重机，是由加拿大科学家和工程师设计制造的一条机械臂，因此也叫“加拿大手臂”。

加拿大手臂长15米，粗38厘米，重410千克。它能以每秒6～60厘米的速度搬运物品，并且在太空失重的情况下能举起体积大如一节火车车厢的物体，类似于一个长18米、直径5米、重约3万千克的庞然大物。

机械臂的构造与人的手臂十分相似：由肩膀、肌肉、骨头、神经、关节、皮肤等组成。机械臂的两根“骨头”由极轻的碳合金组成，微型电动机是它的“肌肉”，从肩通到手腕的300根电线是它的“神经”，还有6个自动“关节”以及不锈钢或铝合金的齿轮，使这只人造手臂活动自如。机械臂虽然没有手指，却有3个金属环，能把物体抓起来。机械臂的顶端，还有一个十分精确的、有触感的电子装置。电子触角分秒不停地计算关节的角度及它的转动速度，并不时把情况报告给机械臂的“大脑”——“电脑”，“大脑”再计算出手臂即将做出的动作的速度、姿势，并向每个关节下达必要的指令。此外，机械臂上还有一层特别的“皮肤”，由多层绝缘片组成，既能御寒，又能隔热，使机械臂保持一定的“体温”。

宇宙飞船中的“离子土壤”

在漫长的太空旅行中，宇航员需要经常吃到新鲜的蔬菜，才能满足人体的营养需要。要在飞船中种植蔬菜，可真是个难题，地球上带去的土壤会污染宇航环境，在失重的情况下，用水栽法又行不通，怎么办呢？

科学家发现植物从土壤中吸收的营养仅占土壤总重量的千分之一。因此，他们设想把植物所需要的营养成分浓缩在一种物质里，用这种物质来栽种蔬菜。他们设计了一种奇妙的“离子土

壤”，这种“离子土壤”是用离子交换树脂制成的。什么是离子呢？原子或原子团失去或得到电子后叫作离子。失去电子的带正电荷，叫正离子（或阳离子）；得到电子的带负电荷，叫负离子（或阴离子）。离子土壤那海绵状的体内贮藏着植物所需的营养物质，它能不断地向植物提供所需的钾、钠、钙等离子。科学家在“地球星际航行模拟站”上做了试验，在与世隔绝一年的温室内，种植了青菜、卷心菜等蔬菜，结果连续获得 10 次丰收。为了防止“离子土壤”在失重的情况下散失，他们把离子交换树脂熔化成黏稠状液体，再加压从小喷嘴中吐出像人造丝一样的丝条，织成离子地毯。平时卷成一团贮存，使用时只需平摊开来，浇上一些水，就可以种植蔬菜。有了这种“离子土壤”，宇航员就可以在漫长的星际航行中，吃到新鲜的蔬菜了。

植物能在太空发育生长

苏联3名宇航员在“礼炮-7”号空间站上连续飞行了237天，证明了人类能够长期在太空中工作和生活。1995年3月，俄罗斯宇航员波利亚科夫在“和平号”空间站又创造了单次连续太空飞行438天的新纪录，进一步证明了人类能够长期在太空中工作和生活。那么，在地球上陪伴人类的成千上万种植物也能在太空发芽生长吗？这是自第一艘宇宙飞船上天遨游以来，科学家们致力研究的一个课题。经过多年的实验，现在太空已能长出绿草鲜花，栽培出蔬菜和水果，为荒凉的宇宙空间增添了生命的色彩。

他们在“礼炮-7”号上进行宇宙植物生长的实验。他们在轨道站上播种阿拉伯草，经过56天的栽培，终于开花结籽，实现了植物在太空从播种到收获的全过程。当苏

联女宇航员萨维茨卡娅乘坐宇宙飞船登上“礼炮-7”号轨道空间站时，在站上工作的两名宇航员向她献上了一束“宇宙鲜花”。萨维茨卡娅还帮他们收获了200多粒花籽，并带回地球。科学家们认为，宇宙植物的出现，为人类打开宇宙空间的大门又迈进了一步。

在宇宙间进行电子束加工

1984 年 7 月 25 日，苏联女宇航员走出“礼炮 -7”号空间站，在离地面 300 多千米的太空，借助电子束装置，成功地进行了焊接、喷涂和金属切割等舱外作业，受到各国的关注。

电子是最早发现的粒子，带负电，电量为 $1.602\ 177\ 33 \times 10^{-19}$ 库，是电量的基本单元，质量为 $0.910\ 938\ 97 \times 10^{-30}$ 千克。电子的定向运动形成电流。电子束是由阴极射线产生的束状电子流。电视机和电子显微镜就是利用电子束形成影像的。

电子束加工的成功对于开拓宇宙工业具有十分重大的意义。一是获得了有关金属加热、熔化及其状态的具体数据，以及这些液态金属有关表面张力、附着力、对流、扩散等主要参数在失重条件下的变化，为在失重条件下进行焊接、铸造、材料加工提供了可靠的依据。二是明确了电子束加热源在宇宙的工作状

电子束

电子经过汇集成束，具有高能量密度。电子束是利用电子枪中阴极所产生的电子在阴阳极间的高压（25 ～ 300kV）加速电场作用下被加速至很高的速度（0.3 ～ 0.7 倍光速），经透镜会聚作用后，形成的密集的高速电子流。

况，在失重条件下，电子束加热源适合于各种金属的加工、熔炼喷涂、焊接和切割，具有广泛的推广价值，是宇宙工业必不可少的工艺方法。三是取得了人在宇宙条件中使用电子束装置的实践经验，宇宙飞船要求电子束装置重量轻，体积小，对宇航员具有最大的安全性和可靠性。

王赣骏的液滴动力实验

1985 年 4 月 29 日，美国“挑战者号”航天飞机在肯尼迪航天中心再度发射，进行第 17 次航天飞行。在这次飞行中，美籍华人科学家、宇航员王赣骏，成功地进行了“液滴动力实验”。

液滴动力实验也被称为“零地心引力的液态状态研究”。换句话说，就是液滴在无地心引力和无容量状况下的动态研究，所以也叫“两无”实验。

在太空进行的液滴实验，人们看到的是：一滴滴形状各异的金属溶液，它们不是盛在容器里，而是悬浮在半空中。王赣骏说，只有在太空中才能做出这种无容量的耐高温或超低温的金属材料。

王赣骏每天工作 15 个小时，抓紧有限的时间进行液滴动力实验，取得了大量宝贵的数据和资料；同时，还为别人完成了 14 个项目的实验。王赣骏液滴动力实验获得圆满成功，使科学界感到震惊，对整个流体动力学的研究、无容器冶炼先进技术的开发，以及天文物理和地球物理理论的运用等，都做出了突破性的贡献，为今后这方面的实验打下了基础，为未来的“太空工厂”开辟了一条崭新的道路。

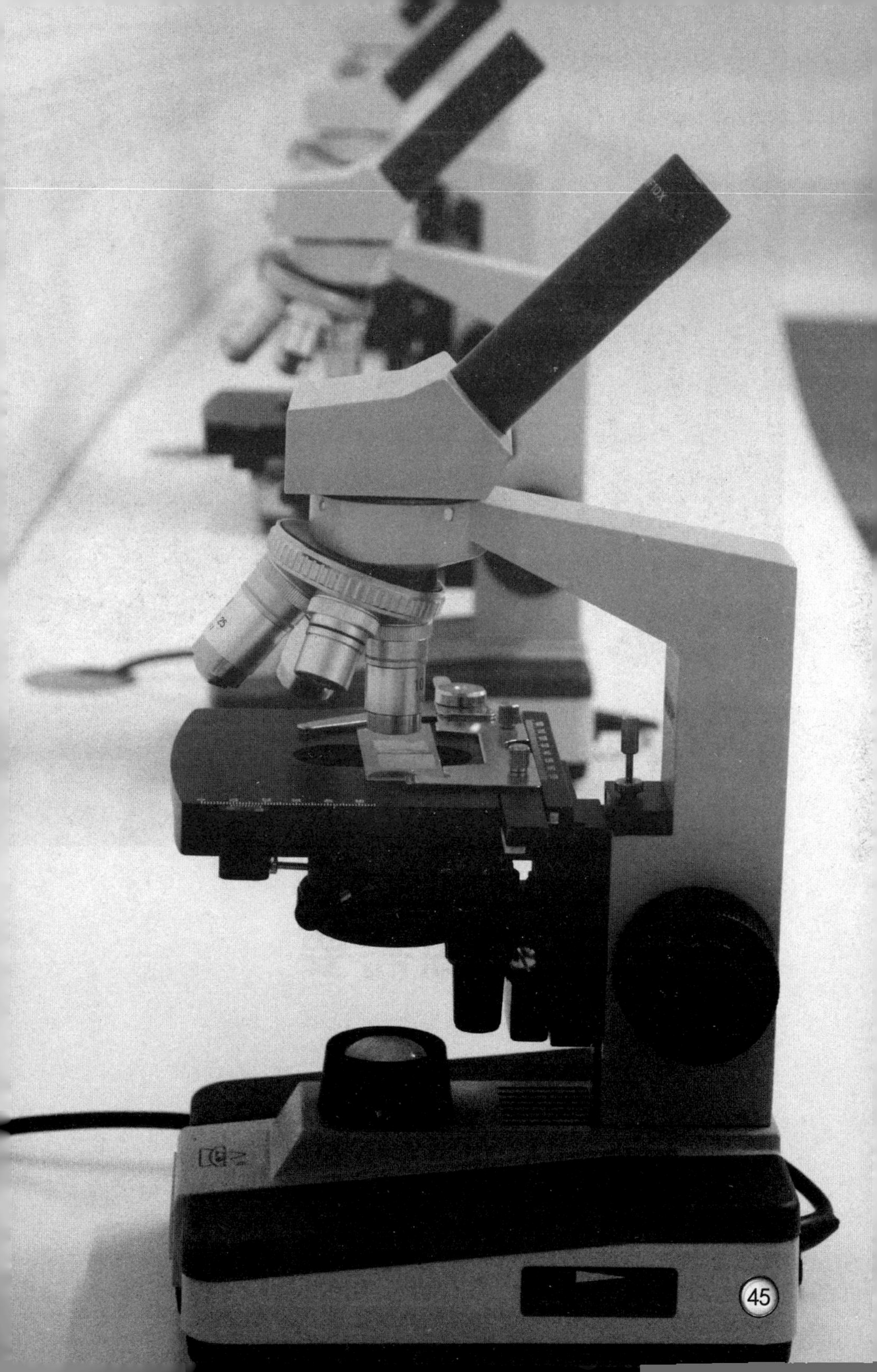
45

开发空间资源需要载人航天

自20世纪60年代初宇航员加加林进入太空，揭开世界载人航天史崭新篇章以来，载人航天取得了巨大发展，耗费了巨大的人力、物力、财力，但人类并没有从载人航天得到多少回报。那么，

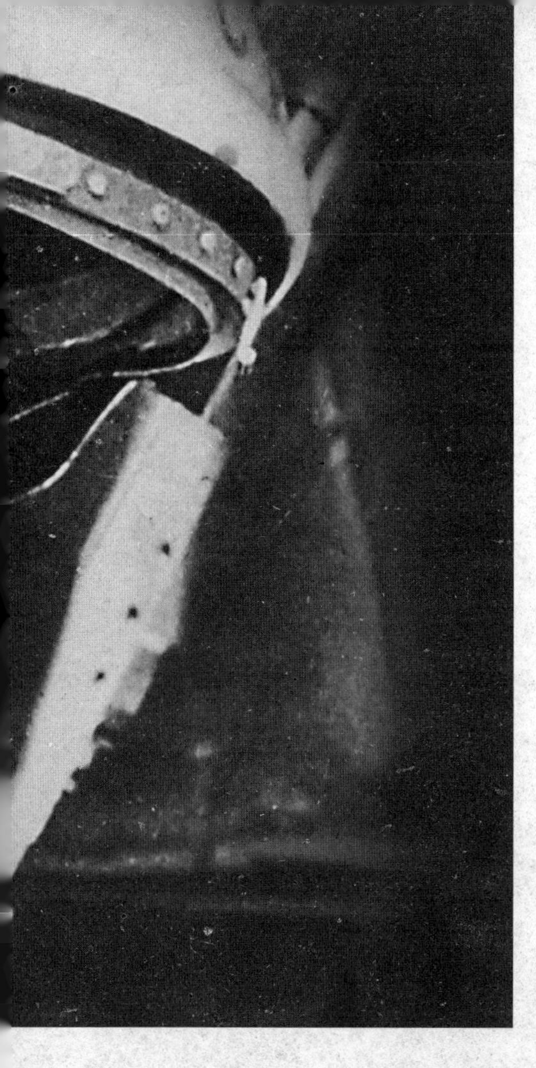

为什么要发展载人航天呢？这是因为：要开发利用空间资源，就需要发展载人航天。

航天技术为开发利用空间资源所做的努力，只是在开发航天器高位置和高速度资源以获取、传输和转发信息方面取得了明显成就，获得了巨大的利益。开发这类信息资源，在现有技术条件下可以全部自动化，不需要人在轨参与，不受载人航天的制约。

进一步开发空间能源和物质资源，如利用航天器微重力环境制备高级材料和高级药品。由于获取、加工、运输和存储的主要是物质或太阳能，因此采用的方法和过程、所需的设备和设施要比用于信息类的庞大而复杂。在现在和可预见的将来，还很难做到全部或大部分自动化。这就需要人在空间现场参与工作，以解决那些靠机器不能全解决、难以解决或代价过于昂贵的各种问题。如开发月球资源，就需要人进驻月球长时间地参与工作。

需要人在空间现场直接参与工作，必须为人创造一个可以在空间长期生活和工作的条件，这就需要发展载人航天。

此外，要奠定天基航天的基础，也要发展载人航天。

天外觅知音

1977 年 8 月 20 日，在美国的肯尼迪角发射的“旅行者 -1”号宇宙飞船，肩负勘测木星、土星及天王星的重任出发了。它是一艘不载人宇宙飞船，重 816 千克。行星探测是空间技术发展的一个重要方面。比起偏重于应用科学的人造地球卫星和载人空间飞行，它主要服务于基础科学的研究。对于太阳系行星的探测，能够帮助我们了解太阳系的起源和演变；通过各主要行星的比较，更深入地认识地球及其周围环境；探索生命的起源。“旅行者 -1”号在完成“三星”的探访大业之后，将辞别太阳系，飞向广漠无垠的“天外天”去，作为“地球人”的天使，遨游在太空的群星之中，去寻觅“地球人”的知音。

为了完成这项长期而艰巨的任务，科学家和音乐家特地在太空船侧装置了用以邀请天外客人的信号，这个信号就是一张喷金的铜唱片。在这张唱片上录制了用 60 多种语言表达的问候和 100 多种飞禽走兽的鸣叫声，并且选录了 27 段世界名曲，其中代表中国的一段

就是古典的《流水》曲。

中国的《流水》曲，在20世纪90年代初已随太空船奔向天外天，它代表中国的“俞伯牙”去寻觅太空的“钟子期”。宇宙飞船将在银河系漫游数亿年，一去不复还，要待4万年它才能在离我们最近的恒星附近飘过一次。几千万年后，奔腾的《流水》声，可能邀来“俞伯牙”的知音——太空贵客“钟子期”。知音相会时，也一定会感谢为他们穿针引线的老祖宗。

航天母舰种种

随着空间技术的迅速发展，各种用于军事目的的空间飞行器也越来越多，除了军用侦察卫星外，还有航天飞机、宇宙空间站等。宁静的太空，大有成为“空间战场”的趋势。

要进行空间战争，就要有空间战斗基地。航天母舰就是设想中的太空战斗基地。实际上，航天母舰是太空中的武器平台，它像海洋中的武器平台——航空母舰一样，携带多种兵器和技术装备，成了太空中的战斗堡垒。航天母舰并非神话，设想方案大致有以下几种：

宇宙飞船型航天母舰——这是航行在离地面 3.6 万千米的地球同步轨道上的一个巨大宇宙飞船。它的组成部分包括 4 架航天飞机、两艘太空轮船、一个轨道燃料库和一个太空补给站的航天舰队。

飞翼型航天母舰——飞翼是一种无机身、无尾翼，仅有机翼的飞行器，其结构简单，飞行阻力小，载重量十分大。

飞艇型航天母舰——美国科学家

设计的飞艇型航天母舰是一个巨型长艇，长 2.4 千米，飞艇艇壁由先进的蜂窝状复合材料制成，厚度 3 米。在飞艇顶部设有可供直升机和短距离起降飞机的跑道，底部是一个巨大的屏幕。

地球航天母舰——在地球上起飞的飞行器要想飞往太空，就必须设法克服地心引力。而如果把机场建在靠近赤道的纬线上的话，飞行器的速度就会提高许多，这是因为在纬度为零的情况下，航天飞行器的速度等于火箭速度加上地球自转速度。

空间平台

太空是除大陆、海洋、大气层之外的人类第四生存环境。多年来，为了开发太空的高远位置、微重力、高真空、高净洁、太阳能等宝贵资源，全世界已发射了几千个航天器，其中绝大多数是卫星。然而，卫星或航天器也暴露出许多靠其自身能力难以解决的问题，影响了它的进一步应用。

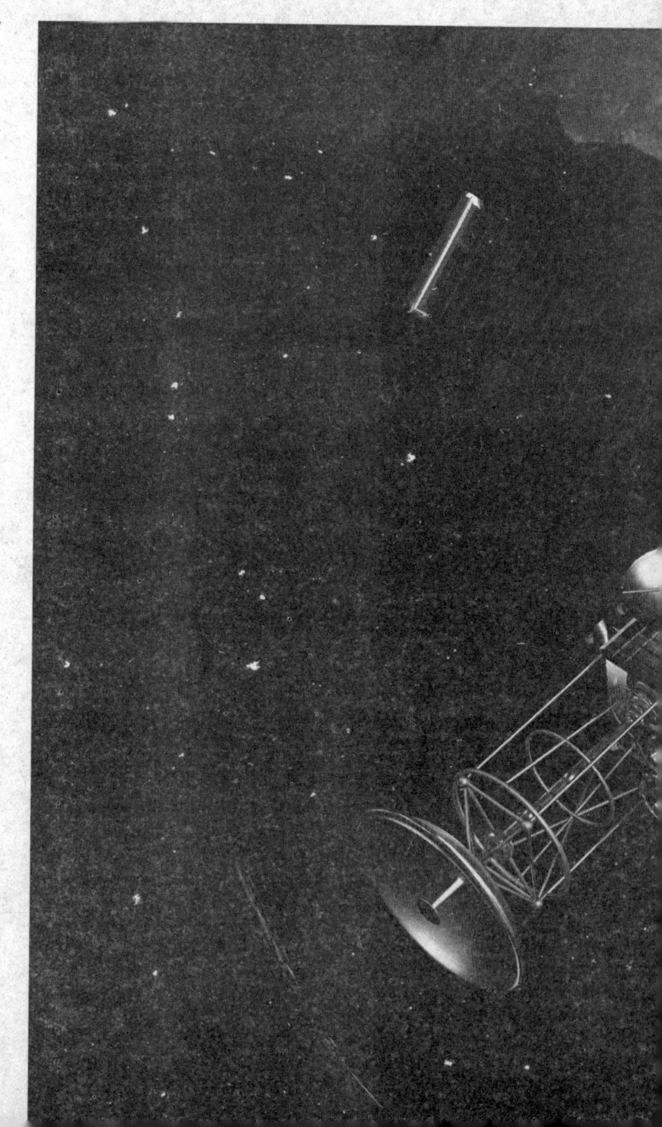

卫星是一种无对接系统的航天器，一旦上天，就无法对其加注燃料、修换部件，所以卫星寿命一般只有几年。为解决这些问题，20世纪70年代中期，美国科学家提出了空间平台的方案设想。

空间平台是一种能同时装载、运行多种有效载荷（多种卫星上的仪器设备），并以“资源共享”的方式为它们集中提供所需的公共设施（电源、数据、通信等）和能接受在轨服务的大型空间结构物。

空间平台一般采用太空组装的建造方式，即把平台的构件分批送上太空，然后装配、调试、运行。

由于空间平台重量尺寸不受限制，因此其可同时运行多种有效载荷。这意味着发射一个空间平台就等于发射数颗卫星。这样不仅降低了费用，缓解了空间轨道的拥挤，而且使多种有效载荷同步工作及多学科相关职能工作的开展成为可能。

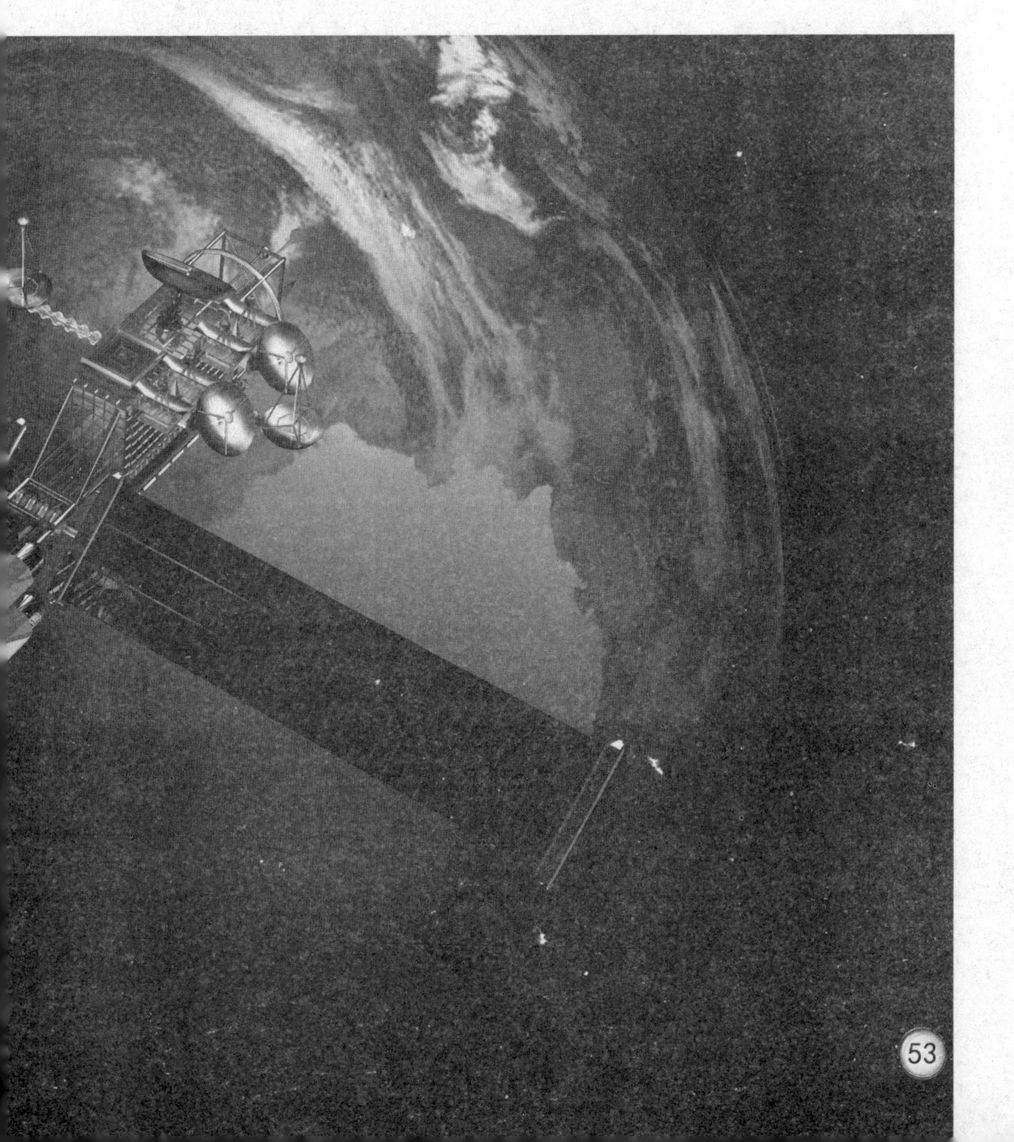

登月飞行与天空实验室

空间技术的一项重大成就就是人类登上了月球。它是由乘坐“阿波罗”飞船的宇航员完成的。“阿波罗”工程计划是美国于 1961 年提出的，共进行了 17 次飞行。前 6 次是不载人飞行，主要考虑“阿波罗”飞船的可靠性以及发射和回收技术。从“阿波罗 –7”号开始为载人飞行。飞船脱离地球引力，在围绕月球的轨道上飞行，然后脱离月球引力返回地球。从“阿波罗 –11”号到“阿波罗 –17”号是登月飞行。其中“阿波罗 –13”号因为故障没有登上月球，其余都获得了成功。

在这 6 次登月飞行中，在月球上停留时间最长的是 75 个小时，并在月球上行走了 30 千米。“阿波罗”登月计划原定为 20 次，后来认为没有必要再到月球去，把最后 3 次改为“天空实验室”。

“天空实验室”由“阿波罗”飞船和轨道工作舱两部分组成。轨道工作舱是由“土星 –5”号火箭的第三级改装的，是宇航员生活和工作的地方。“天空实验室”在轨道上共接待了三批宇航员，共 9 人。第一批宇航员生活 28 天，主要进行生物医学实验，鉴定轨道工作舱的性能；第二批宇航员生活 56 天，主要进行太阳观测和地球资源勘测；第三批宇航员生活 84 天，也对地球和太阳进行了观测，并且做了各种科学实验。

载人轨道站

轨道站，也叫空间站。它是可在太空长时间运行的载人航天器。它像人造卫星一样绕地球运转，但要比人造卫星大得多。轨道站在轨道上可与运送货物和宇航员的飞船对接，接纳多名宇航员在上面工作和生活。

轨道站主要由以下几部分组成：

生活舱——宇航员食宿和休息的地方；轨道舱——宇航员的主要工作场所；服务舱——用来安装保障轨道站正常运行的各种系统和设备；专用设备舱——可根据不同的科研任务携带不同的设备，如天文望远镜、雷达等；太阳能电池翼——用来为轨道站提供能源；气闸舱——宇航员通过它出入轨道站；对接舱——用来停靠其他载人飞船和航天器。

轨道站是一个理想的科学研究场所。在那里观察天体和研究宇宙射线，不受地球大气的影响。在轨道站里监测地球，一目了然。在那里，可对长时间处于失重条件下的人体进行多种研究和试验，能直接为人类的航天活动服务。轨道站里还可以种植农作物，能为宇航员提供粮食、蔬菜和氧气。轨道

站里也可以办工厂，由于不受重力和空气的影响，因此在炼钢时，钢水中的各种元素能均匀扩散、混合，从而得到在地球上不易得到的优质合金钢。制药时，由于失重可促进细菌繁殖，因此有利于生产出新药品。

“和平号”空间站

“和平号”空间站是苏联第三代载人空间站，也是人类历史上第9座空间站，被誉为“人造天宫”。它的设计工作始于1976年，1986年2月20日发射升空。它由工作舱、过渡舱和服务舱组成，整体形状看上去宛如一枝绽开的花朵。它有6个对接口，其中两个主要对接口位于轴线的两端，用来与载人及货运飞船对接。空间站全长32.9米，体积约400立方米，重约137吨，其中科研仪器重约11.5吨。它在高350～450千米的轨道上运转，约90分钟环绕地球一周。

据统计，15年来，“和平号”空间站总共绕地球飞行了8万多圈，行程35亿千米，共有31艘“联盟号”载人飞船、62艘“进步号”货运飞船与“和平号”空间站实现对接，宇航员在“和平号”空间站上进行了78次太空行走，在舱外空间逗留的总时数达359小时13分钟。

“和平号”空间站的坠毁过程都是按照预定计划进行的。从莫斯科时间2001年3月23日凌晨3时31分59秒开始，控制中心分别向“和平号”空间站发出三次制动信号。莫斯科时间 8 时 44 分 04 秒，“和平号”空间站进入稠密大气层。在与大气猛烈摩擦的过程中，“和平号”空间站燃起熊熊大火。莫斯科时间 8 时 59 分 49 秒，“和平号”空间站第一批碎块安全坠入南太平洋海域，该海域位于新西兰与南美洲之间。23 秒后，莫斯科时间 9 时 0 分 12 秒，“和平号”空间站的 1500 多块残片坠入了指定海域。

人类滞空最长纪录

人类能不能适应长期的空间生活，这决定了人类能否离开摇篮——地球。在这方面，俄罗斯医学博士波利亚科夫以自己的太空实践做出了肯定的回答。1999 年 3 月 10 日，创造了在太空连续飞

行时间最长纪录——437 天 18 小时的波利亚科夫返回地面。不可思议的是，他竟无须他人搀扶，自己从飞船中走了出来。更令人吃惊的是，第二天，波利亚科夫就悠闲地在湖边散步了。在“和平号”空间站的 400 多天里，波利亚科夫尽管也遇到了体内钙流失、肌肉萎缩的问题，但是他一直坚持科学、严格、不懈地锻炼，相当程度地抵消了空间环境的不利影响。这位医学博士给我们的启示是，不远的将来，在征服太阳系行星的旅程中，人类完全可以以健康的身心状态实现长期太空飞行，并在抵达目的行星后迅速投入工作。

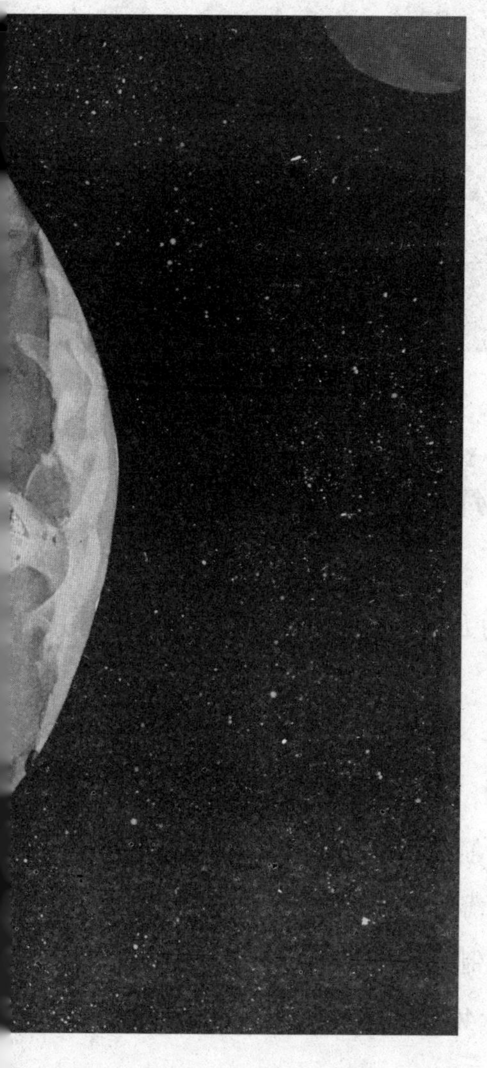

到 1999 年 8 月，俄罗斯宇航员阿弗迪耶夫完成 3 次共计 748 天 14 小时 13 分钟的太空飞行，创人类滞空最长纪录。

为了一睹“和平号”坠毁的壮观场面，有不少人前往太平洋，还有不少人聚集在斐济海岸，而且他们的确见到了“和平号”这一枝绽开的花朵飞速吻向地球。有些人激动地打开了香槟，庆祝自己的幸运。也有一些人品着烈性伏特加，黯然伤神，他们就是曾经与“和平号”朝夕相处过的宇航员。这其中就有阿弗迪耶夫。

险象环生，叶落归根

“和平号”空间站在15年的太空飞行中可谓命途多舛、险象环生。

1997年2月，“和平号”上一个氧气瓶突然起火，烟雾笼罩了整个空间站，幸亏宇航员很快把火扑灭。

1997年3月，空间站上的两台制氧机发生故障，宇航员只好靠氧气瓶维持生存，在修复了一台制氧机后这一危机才告缓解。

1997年4月，空间站的温度控制系统开始泄漏防冻剂，使空间站部分舱段温度很快上升到30℃～40℃，在堵住两个大漏洞后温度

才降下来，宇航员们几乎用了3个月时间才找到并堵上最后一个漏洞。

1997年6月25日，“和平号”空间站与“进步M-34”号货运飞船发生碰撞，几乎致命的这次碰撞导致“光谱”舱氧气外漏和空间站彻底断电。这是“和平号”空间站升空11年来发生的最严重的一次事故。

据统计，“和平号”空间站上共发生过密封舱漏气、管道破裂、与地面失去联系等近2000次故障，其中约100次一直未能排除。尽管“和平号”空间站几经起死回生，但毕竟满目疮痍，要继续运行下去无疑会十分危险。它70%的外壳受到了创蚀，设备严重老化。空间站若发生事故，顷刻间会碎裂为成千上万个碎片，有的碎片能轻易穿透厚钢板。因此，2000年12月，俄罗斯最终决定将其坠毁。

又一个里程碑

“和平号”空间站在地球轨道上飞行了15年，这期间有12个国家135名宇航员在空间站上工作过，完成了1.65万次科学试验和23项国际科学考察计划。

1999年2月22日，由宇航员带到“和平号”空间站的60枚鹌鹑

蛋，在失重条件下有 37 枚孵出了小鹌鹑，但在完全陌生的太空环境中只成活了 10 只。接着在返回地面时由于飞船内温度过低和骤然进入地球重力环境，有 7 只鹌鹑夭折。不过值得庆幸的是，仍有 3 只活蹦乱跳的小鹌鹑回到了地面。

宇航员们还在“和平号”空间站上进行了美国小麦的培育和收获实验，收获的小麦被带回地面。

宇航员还在“和平号”空间站上进行了研制药品的试验。这项名为“激素”的试验目的在于防止宇航员在太空飞行过程中骨骼中无机盐的流失,其中包括钙的流失。

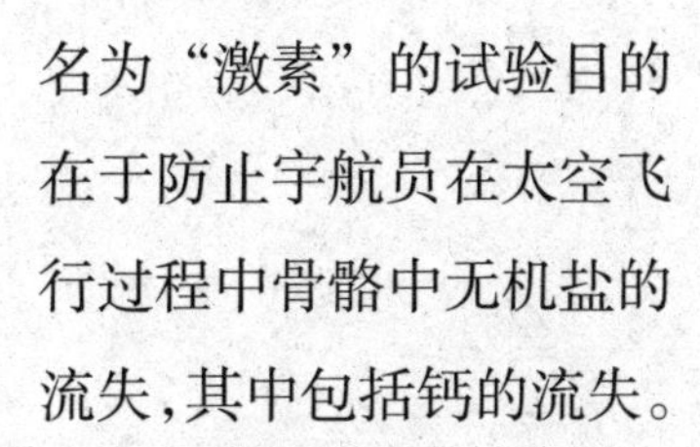

“和平号”的光辉一生是继“阿波罗”登月后人类探索太空的又一个里程碑。它使人类长期在太空居住的梦想成真。它还为将来人类在太空建筑更大型的空间站，以及飞向其他星球打下了良好的基础。“和平号”为此后的太空探索提供了宝贵的财富，国际空间站的建设更离不开研制、利用和坠落过程中积累的经验以及各种事故留下的教训。

国际空间站

国际空间站的建造是分阶段进行的。从 1994 年至 1997 年为准备阶段。在这个阶段中，主要进行联合载人航天活动。美国航天飞机与“和平号”空间站多次对接；送美国宇航员到“和平号”空间站上，以训练他们在空间站上的活动和工作能力；为“和平号”运送新的太阳能电池板，缓解该站严重缺电的状况等。

1994 年 2 月，俄罗斯宇航员克里卡廖夫乘美国航天飞机升空，从而拉开了美国、俄罗斯联合飞行的序幕。1995 年 3 月，美国宇航员首次乘坐俄罗斯飞船进入“和平号”空间站。紧接着，美国航天飞机与“和平号”空间站进行首次具有历史意义的交会对接。

1998 年 11 月 20 日，国际空间站的第一个组件——功能货舱“曙光号”在拜科努尔发射场升空，这标志着国际空间站在太空正式“破土动工”。

按计划，建成后的国际空间站将是个“太空中的城市”，成为人类在太空中长期逗留的一个前哨。空间站主结构长 88 米，首尾距离 110 米，体积为 1300 立方米。国际空间站将包括 6 个实验舱和 1 个居住舱、3 个结点舱等，总重量 500 吨。

国际空间站是在“和平号”空间站穿梭太空的同时，美国宇航局提出建造建议的。随后，欧洲航天局11国和日本、加拿大、巴西等陆续加入。1993年11月1日，美国、俄罗斯签署协议，决定携手建造国际空间站。

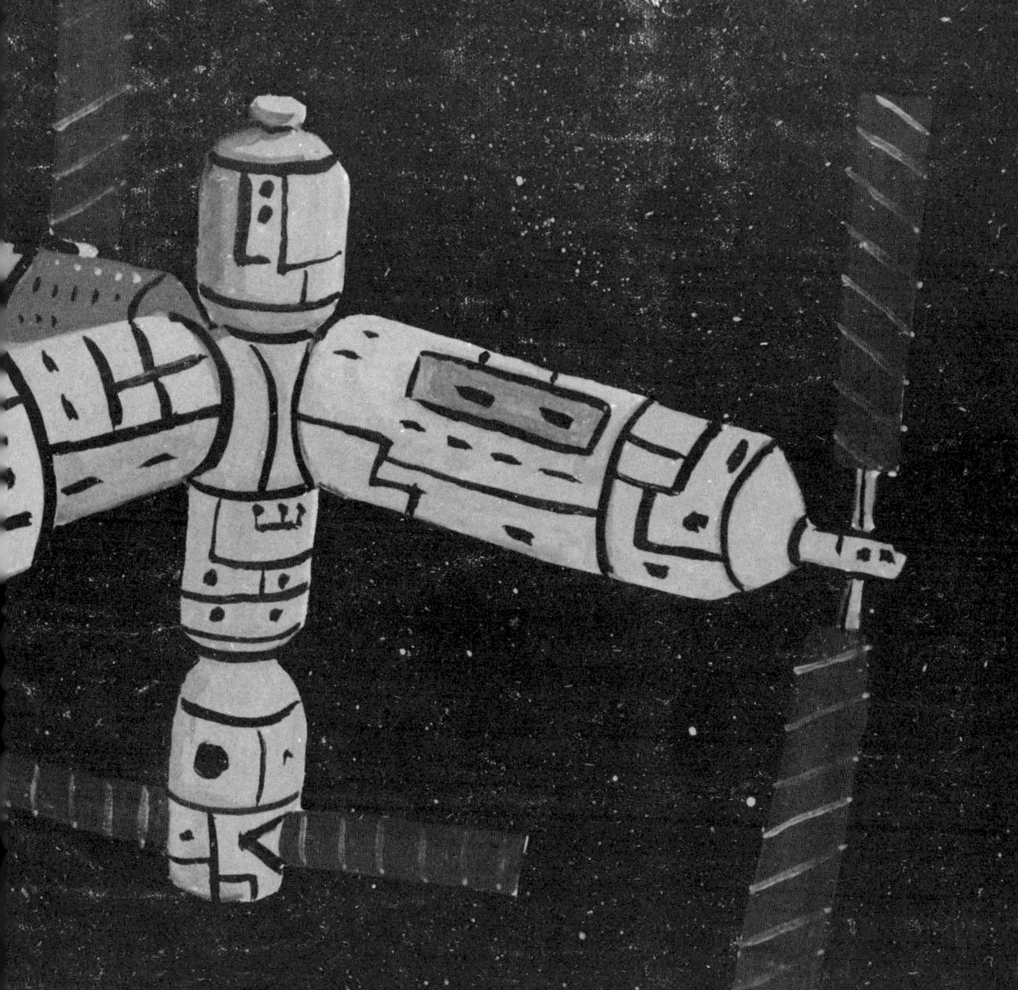

用途广泛的国际空间站

由于受地球重力的影响，许多科学试验无法在地面进行。国际空间站则可利用空间零重力状态的有利条件进行这些试验。

微重力条件下的蛋白质晶体研究——太空中蛋白质晶体会比地球上生长得更纯净。通过对这种晶体的分析，可以更好地了解蛋白质、酶和病毒的性质，也许会因此研制出新药，更好地了解生命的基本

构造。

太空中生物反应器研究——在微重力条件下，活细胞的体外生长可能会更容易些。这项研究将有助于寻找到治疗癌症和糖尿病的新方法。

国际空间站建成后，各国科学家在空间站上进行各种实验。空间站为人们提供了6个实验舱，7名宇航员可长时间一起工作，这是从来也没有过的良好条件。此外，空间站为可能会用于未来载人航天器星际旅行的试验设备提供场所。在空间站实验和演示这类设备的能力，有助于未来航天器设计者提高他们的设计水平，并有助于减少太空飞行风险和降低成本。

可以预料，到21世纪20年代，国际空间站将为生物、医药和工业带来显著的进步，并改善地球的生活条件，也为未来的地外太空旅行开辟一条途径。

宇航员的选拔

人在航天过程中，要经受加速度、噪声、振动、失重、高低温等不良环境因素影响，还要在这样的不利环境下完成操纵航天器、进行科学实验、观测等复杂任务，遇到意外事件时还需要果断地正确处理，所以对宇航员的选拔是很严格的。

宇航员分国家宇航部门培训的职业宇航员和临时进入太空进行科学实验甚至观光的人员两种。职业宇航员负责每次飞行的指挥、安全、驾驶航天器及其对接和科学实验的实施等重要工作。国外航天专家认为，适宜于当宇航员的人，首先是空军飞行员，特别是歼击机飞行员。除飞行经验外，还要具备健康的身体，要符合美国宇航局的医学标准Ⅰ级。飞行任务专家也是职业宇航员，他们主要职责是在航天期间，完成预定的载荷工作。对他们的选拔着重科学知识水平及工程技术实践经验，如必须具有工程学、物理学等方面的学士学位，有某一方面的工程实践经验，身体健康程度的要求比机长、驾驶员低一些，符合美国宇航局医学标准Ⅱ级。

另一类宇航员是非职业的，是临时进入太空工作或观光的人员。科学家宇航员是乘航天器在宇宙空间进行科学实验的科学家或工程师。对他们的选拔要求，主要是应具有丰富的科学知识和实践经验，身体健康要求应符合美国宇航局制定的医学标准Ⅲ级。

零重力环境下的人体反应

科学研究表明，零重力环境会对宇航员正常生理活动造成大规模的破坏。

头部——脸部肿胀，眼睑增厚，鼻子堵塞。

眼睛——内耳平衡机制丧失，扰乱头脑和眼睛之间的信号传送，使宇航员产生视觉幻觉。

心脏——血液流动造成肿胀，心肌发生萎缩。回到正常重力环境后，心脏向头部输送血液会发生困难。

血液循环——体液上升至头部和躯干，肾脏误认为体液过量，开始排泄液体，降低血液—体液水平，抑制体内红细胞的产生量，发生空间贫血症。

肝脏——宇航员在空间对药物的吸收处理过程与地面时不同，平常的用药剂量已不再适用，难以测出宇航员返回地面时体内所含的药物正常剂量。

脊柱——脊椎伸长 3 ～ 6 厘米。这导致宇航员患背痛病和神经传导功能中断，并导致宇航员发生触觉障碍。

肠——肠梗阻、便秘。

腓肠肌——胫骨后面的一块肌肉，扁平，在小腿后面形成隆起部分。

肌肉——承重的肌肉不断消失，甚至宇航员在太空进行定期的训练飞行时就会出现这种情况。

骨骼——承重骨损失钙质，造成骨质疏松，增加了发生骨折的危险。

肾脏——从骨中流失的钙质在此积聚并形成肾结石。

内耳——在失重状态下，耳石随机浮动，丧失平衡机制，使人感到恶心欲吐、头晕目眩、身体疲劳、四肢无力、发烧和出冷汗。

免疫系统——免疫系统功能会削弱，因而宇航员容易受病菌感染。

宇航员的安全保障

经过科学家的不断研究和改进技术，目前，载人航天的安全与救生措施已日臻完善了。

由于载人航天器从发射台准备、发射、升空、入轨到返回是一个非常复杂的过程，在各个阶段都有其独特的环境条件，因而救生措施也各有特点。但是，从航天器起飞，即运载火箭点火直到超出可觉察的大气层这段时间是关键性阶段。在设计航天器时，必须提供一种有效的、能独立发射的脱险装置。现在，有两种已实际应用。一是弹射座椅方式，这与现代飞机里的带有防护罩的弹射座椅相似。在应急情况下，

宇航员乘坐弹射座椅由救生火箭弹出，迅速脱离运载火箭与航天器。二是救生塔式，这是一种整体救生的办法。利用安装在运载火箭前端的救生塔，借助于塔上的固体火箭推力，使宇航员的座舱与运载火箭分离，逃离危险区，然后控制座舱中的返回着陆系统按再入程序着陆。

载人航天器在轨道飞行时救生最为困难，还没有成熟的方案。

大致方案是：发射航天器去援救、载人航天器间互相营救、在航天器上停靠备用逃生船。苏联在“和平号”空间站上停靠的“联盟 T”号飞船，既是完成任务后的返回工具，也是应急情况下的逃生船。

载人航天救生是一项十分复杂的工程，真正做到万无一失很不容易，但是只要充分注意并认真解决这个问题，载人航天事故还是可以避免或减少的。

维系生命的太空服

太空服通常分为两种：一种是宇航员在航天器座舱里应急穿用的服装，称为“舱内活动太空服”；另一种是供宇航员到座舱外面工作用的“舱外活动太空服”。舱内活动航天服，实际上是个备用的保险系统。因为航天器生活座舱本身具有完善的生命保障系统，宇航员一般只是在航天器发射和再入大气层过程中穿着这种太空服。太空服就像一个小太空舱，如同一个能伸缩的保护外壳，里面包含着氧气、水、气压和适当的温度，并有自动去除宇航员呼出的二氧化碳与排泄物的设备、测量心跳与检查健康的仪器以及无线电通信机。

太空服的加压装置使宇航员的身体能够保持正常的血压。一个人如果不穿太空服，或不在加压的航天飞机或太空飞船里，在离地面 8 千米的高空，血液便会沸腾，身体进而爆炸。

太空服的结构十分复杂。舱内活动太空服虽然稍微简单些，但至少有五层构成：最里边的即贴近衬衣的为液冷服，在尼龙布上粘着聚乙烯细管，管内有冷却水回流，以排除人体代谢产生的热量；第二层为气密层，由涂氯丁胶的尼龙织物构成，并通过管路与座舱氧源相接，有供氧、通风、加压的作用；第三层是限制层，是由尼龙丝或特氟纶丝编织成的网状结构，防止第二层加压后向外隆起膨胀；第四层是隔热层，是由多层镀铝的聚酯无纺布构成，起防热辐射作用；第五层为外套，由抗磨损、耐高温的尼龙等织物构成。

设计太空服也有讲究

1970 年，苏联宇航员安德里扬·尼古拉耶夫和维塔利·谢瓦斯季亚诺夫在太空中工作了 18 个昼夜。两位宇航员回到地球后身体状况非常糟糕，他们连胳膊都抬不起来，吃饭得靠人喂，而且只能消化流食。谢瓦斯季亚诺夫甚至只有伏在地上才能稍微挪动一下身体。谁都没有料到，失重会给人体带来这么大的影响。

科学家们意识到，需要专门进行研究，以防止宇航员在太空生活一段时间后对地球引力不适应。专家们设计了锻炼筋骨和肌肉的器械，并增加了宇航员的食物定量。不过还需要设计特殊的太空服，因为普通的衬衫和裤子在太空中将变成危险品。

那么，衬衫上什么东西最危险呢？是纽扣。在失重状态下，纽扣一旦掉下来，它不会落到地面上，而是在空中随着气流飘来飘去，可能会飞到送风机或是某个仪器当中，将某个小齿轮卡住，从而酿成重大事故。

专家们设计了一个专门的腰兜，所有大小器具都可以塞进去。宇航员还发现，黏合兜子用的尼龙黏条常常会划伤手臂，于是设计者们将这种黏条换成了拉锁。

还有一些降低失重影响的特殊服装，这种名为“半人马座”的服装上面有许多绳子和带子，穿的时候得绑在身上，这有点儿类似于古代女子穿的紧身胸衣。不过这种衣服是下半身穿的。在失重状态下，血液会涌向头部，而“半人马座”服装则能使血液下行。

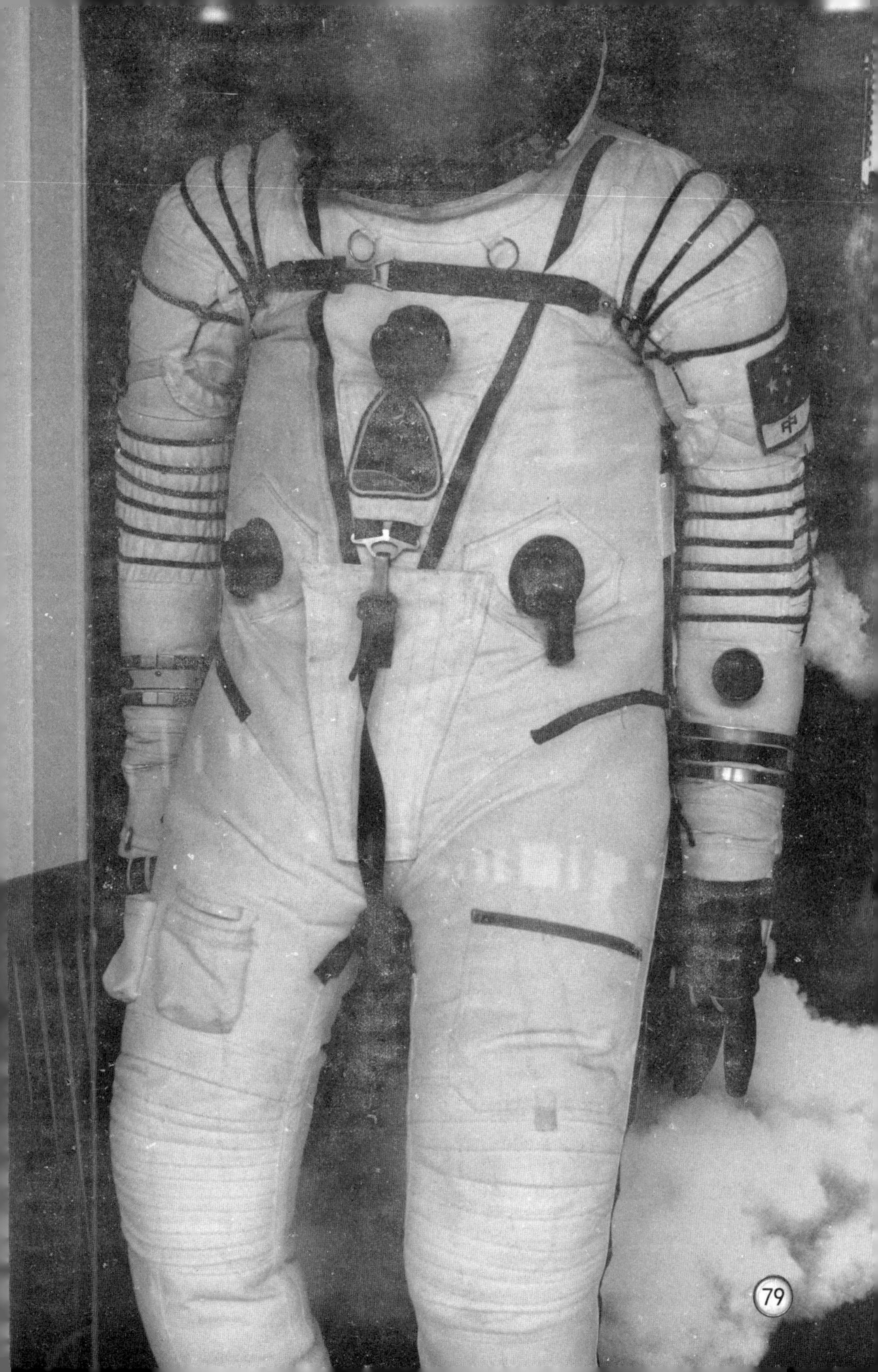

舱外活动太空服

万物在地球上能够生长，主要有两个“保护神”：一是地球巨大的磁场，阻挡了来自太空的宇宙射线的侵袭；二是地球上的臭氧层，吞没了 99% 的太阳紫外线辐射。我们乘航天器到太空和月球，那里已不属于两个“保护神”的管辖范围。因此，设计航天器以及

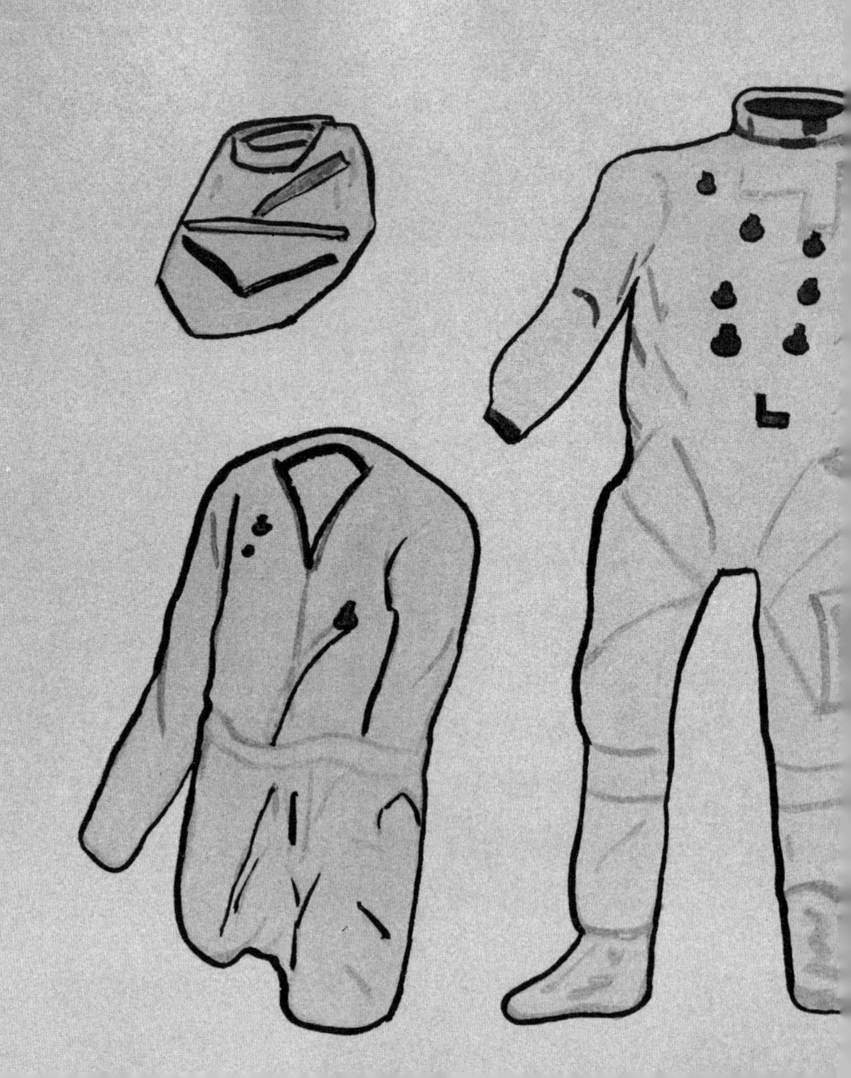

宇航员到舱外活动穿的太空服，必须有一层限制层，以防止来自太阳辐射和宇宙辐射线的伤害，还要有防寒保暖、通风换气的功能。

舱外活动太空服除了应具备舱内活动太空服的基本结构和功能外，至少还要增添一个保护层，以防止微流尘的侵袭。该层多是采用涂有特氟纶的玻璃纤维织物。

此外，为了方便宇航员的出舱活动，现在已经摆脱了过去那种与航天器连接的“脐带”，而在太空服上装备了一种背包式生命保障系统，可独自提供压力为24.4～28千帕的纯氧，有滤出二氧化碳等有害气体的净化装置及循环冷却等设备，还有通信、姿控、推进等附属设施，从而成为一个完全独立的系统。

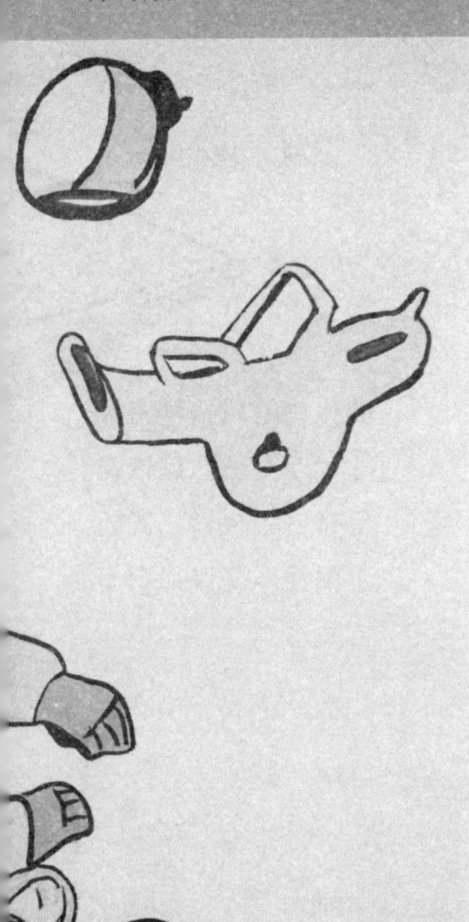

在地球的海平面上，太空服重39千克，背包维生系统重73千克，而机动单位则有102千克。但是，在太空中无地心引力，宇航员在太空中不但不觉得笨重，反而能轻而易举地飘浮、行走。

太空服每次使用完毕，经检修、清洁与干燥，约两星期后即可重新使用。每一件太空服设计使用寿命为15年。

宇航员用的太空笔

我们日常用的圆珠笔、钢笔，在书写时之所以有油墨和墨水源源不断地由笔芯流向笔尖,是因为地心引力和毛细管的吸引作用。太空中的宇航员用这种笔是无法写出字来的。科学家特别为宇航员设计了一种“太空笔”。

太空笔有两种类型。

充气加压太空笔——将普通的圆珠笔密封，充入 30.8 ～ 51.33 兆帕的氮气，写字时，打开小阀门，即可依靠笔芯的气压，缓缓将笔芯内的油墨推向笔尖。

自动加压太空笔——在普通圆珠笔的顶端安装一个小弹簧和一个小小的活塞，利用书写时将笔尖按在纸上的压力所产生的反作用力，使那小小的活塞向笔尖移动，压迫油墨缓缓流向笔尖。

这两种新型圆珠笔内的油墨经过密封加压，即使在失重、真空或 -50℃～ 40℃的干气温条件下使用，仍然书写流畅，字迹清晰。这种笔一向仅供宇航员在太空使用，但由

超硬碳化钨笔珠

碳化钨笔珠按精密尺寸、专用工艺镶嵌在不锈钢笔尖内，既防止漏油，又保证书写自如。

于其成本并不比普通笔高多少，因此在市场，一般人也可以买到。这种笔在陆地上、风雪中、冰山上、河水里和坑道里，都能在带油脂或沾污迹的纸上书写，在其他物质表面也能书写。例如，潜水员要在很大的水压下书写，用普通的笔难以写出字来，而太空笔则可以顺利书写。

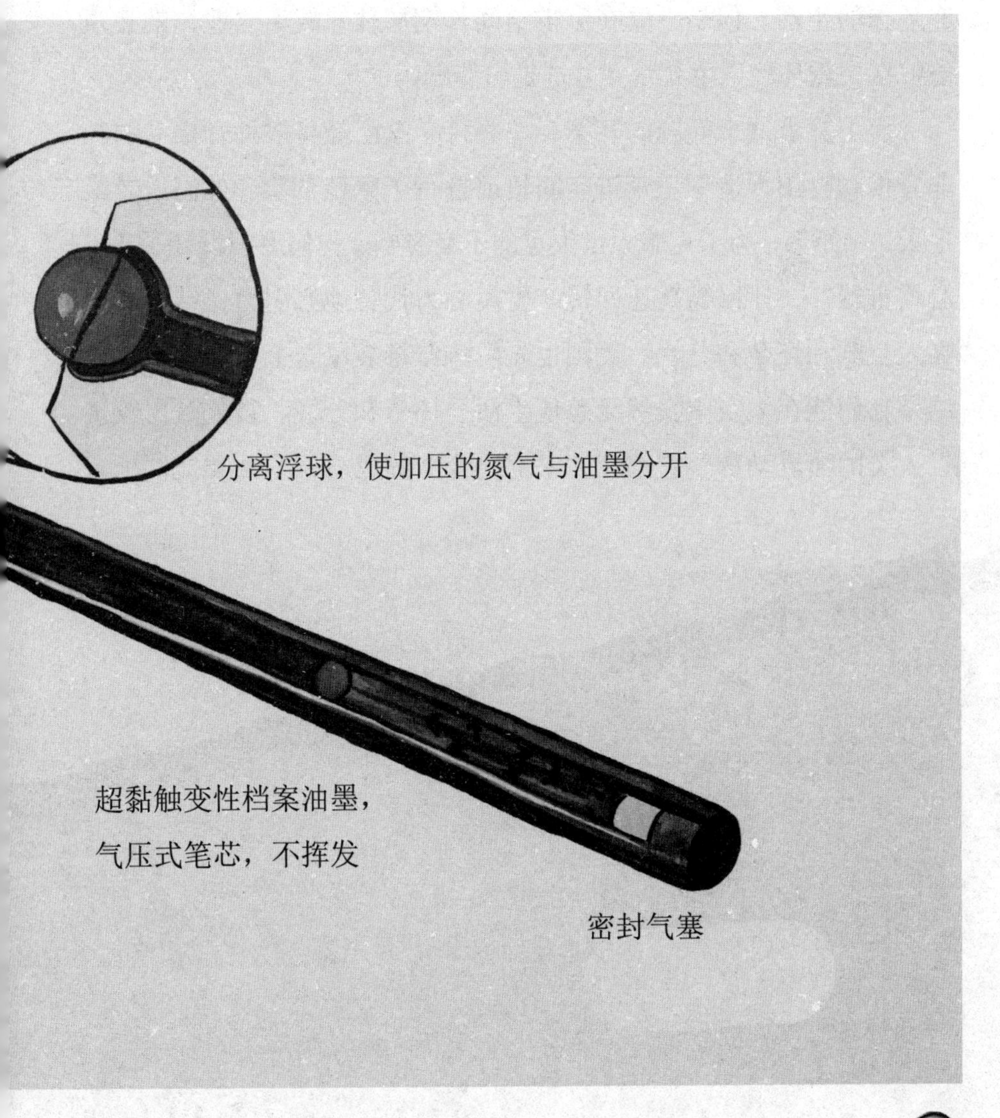

在宇宙空间生儿育女

科学家认为，再经过若干年的努力，许多人将会暂时告别自己的故乡——地球，迁居太空，在那里过着地球上所不能经历的饶有趣味的生活。但是，要在宇宙空间长期居住，成家立业，就必须能够在失重环境下生儿育女。这是可能的吗？

为了寻求这个问题的答案，一些科学家已经将多种脊椎动物和非脊椎动物用人造卫星带进空间轨道进行了繁殖试验。他们送老鼠上天“结婚”，为了克服太空失重的不良影响，他们专门设计了“离心增重器”，让鼠笼高速回转产生离心力代替地心引力，结果雌鼠在太空顺利怀孕和分娩。美国也先后将雌雄袋鼠送上太空实验室，结果它们能在太空中安然无恙地生活、怀孕和分娩。袋鼠是比较接近人类的哺乳动物，它们在“太空生育”的成功，为人类提供了有

价值的经验。

美国胚胎学家蒂文·布莱克说，在航天飞机上所做的蟾蜍生育实验表明，所有脊椎动物（包括人在内）都能在失重的太空环境中生儿育女。

俄勒冈州里德大学的布莱克说，实验证明，蟾蜍的受精卵在太空环境中可以顺利通过具有重要意义的生育初期的几个阶段。他说：“人类受精卵也要经过这几个发育阶段。”

美国宇航局科学家肯尼思·索莎说：“这项研究支持了这样一种观点——人类终有一天会在太空环境中生儿育女的。”

航天活动与生命繁衍

人肯定会飞向其他行星并在那里传宗接代。现在不仅幻想家有这种想法,科学家也提出了同样的观点。人在火星上不但要能工作，还要能正常地生活，正常地生育后代。

科学家曾在生物实验卫星上用较低等的生物进行过这类试验，

研究了植物和黄粉虫及果蝇等昆虫的生命发展全过程，研究了鱼和两栖类动物卵发展的早期状况。鹌鹑蛋不仅发育，而且还孵出了小鹌鹑。哺乳类动物的情况则比较复杂。

1979 年 9 月，苏联发射了一颗生物卫星，对哺乳动物能否在太空传宗接代进行试验。雌鼠在太空失重条件下同样怀了孕，在其分娩时卫星返回地面，它顺利地产下第一代“太空鼠”。

苏联曾在“宇宙 -1514”号飞船上进行过有保加利亚、匈牙利、德国、波兰、罗马尼亚、斯洛文尼亚、捷克、法国和美国等国的科学家参加的试验，当时还担心放在卫星上的 10 只家鼠不能全都怀上小家鼠。事实上，家鼠回到地面后，每只家鼠都生了一窝小鼠，每窝有 10 ～ 15 只之多。

美国科学家把从宇宙中回来的家鼠同地面上的家鼠做了比较，观察母鼠对幼鼠的态度，发现“宇宙鼠”的母性丝毫不比地面上的差。

苏联卫生部医学和生物问题研究所所长奥列格加津科曾说：“试验表明，失重不能阻止新生命的诞生。”

新兴的太空医学

随着科学技术的发展，人类在太空的活动越来越多了。当人类想在太空中进行较长时间的各种活动时，就必须研究人在太空中的健康问题，这就是新兴的太空医学。

当人类进入太空后，对人体影响最大的因素是失重。失重严重地影响着心血管系统。经研究证明，在地球上，由于存在重力，因此心脏把血液向下输送时较有力，而向上输送时就较费力。而到了太空中，没有重力，这种情况就不存在了。心脏向下输送的血液较多，因而这部分血液的阻力加大了，心脏的负担也就加重了，容易出现心脏病。另外，心脏以上的血管,由于没有重力，血压会升高，因此可能出现头昏、头痛甚至脑血管破裂等现象，这正是太空医学所要研究的课题。

太空医学研究的

另一个领域是在太空制造药品。由于受地球重力的影响，提纯工作很难进行。不过，经过努力，实验已获得成功。比如，在航天飞机上采用电泳法分离、提纯某些药物，效率比地面高 700 多倍，而且产品的纯度也比在地球上制造的高 4 ～ 5 倍。1984 年 8 月 30 日发射的“发现号”航天飞机，已生产出了可供临床试验的药品，被人们叫作“空间药品”。

我们深信，随着太空医学的发展，人类将能在太空生活更长的时间，做更多的事。

梦寐以求的“太空旅行”

自古以来，人类就梦想着去太空遨游。随着宇宙飞船的升空和航天飞机的上天，这个美好的理想才变成现实。

一些宇航专家早就预言，只要是身体健康的人，都有资格在太空旅行、度假。美国的一家宇宙航空公司，正在设计和绘制上天旅行的运载工具——“空间公共汽车”。

“空间公共汽车”的外形和航天飞机差不多，客舱分上下两层，能够乘坐74人。乘坐“空间公共汽车”飞向太空，像发射航天飞机一样，费用太昂贵，买一张旅游票，就得花掉几十万美元。这样就很难满足大批的人们去太空旅行的需要。因此，宇航科学家又在构思和设计一种真正的上天之路——通天塔。

这座“通天塔”是名副其实的顶天立地的庞然大物，准备在地处赤道的厄瓜多尔境内的基多市建造。这座塔的建造方式奇特，是自上而下地建造。具体方案是：先发射人造卫星到赤道上空3.6

万千米的同步轨道上，卫星定点后，就从卫星上开始向地面建造。为保持平衡，向卫星两侧等距离地建造钢塔塔身。在高空时，由于失重，建造塔身倒还容易，等延伸到大气层这一段时，建造最困难，得由几十架重型直升机前来帮忙。

通天塔建成后，要和地面的交通系统相连，大批的旅游者先乘地面交通工具运行到一定速度后，就可以自动进入通天塔的高速升降机里，然后就能进入太空去旅行了。

太空之行

美国人丹尼斯·蒂托决定支给俄罗斯航天局 2000 万美元，以实现自己幼年时到太空旅行的梦想。他是第一位太空游客，却不是第一位在付钱之后飞往太空的人士。早在1990年苏联解体前，苏联人就开始通过宇航员将人送往“和平号”空间站来收取费用了。

第一个进行收费太空飞行的是东京广播公司的记者秋山。他于1990年12月被送往“和平号”空间站，并在那里逗留了8天。东京广播公司至今仍拒绝透露这次飞行的价格，但据估计约为2500万美元。

2001年，莫斯科时间4月30日13时31分，由太空游客蒂托、俄罗斯宇航员穆萨巴耶夫和巴图林组成的短期考察组与国际空间站上的第二长期基本考察组胜利会师。

短期考察组创造了三项新纪录：蒂托时年60岁，是有史以来俄罗斯飞船搭载的年纪最大的乘客；由于随行的穆萨巴耶夫和巴图林分别是50岁和51岁，因此他们还组成了人类航天史上最年迈的一个考察组；蒂托还成为乘俄罗斯飞船返回地面的第一位美国公民。

在遨游太空8天后，太空游客蒂托平安返回了地面，为人类历史上太空旅游画上了圆满的句号。

黑熊与航天

科学家试图发现黑熊在冬眠时的奥妙，以寻求应用动物生理学的原理，解决星际旅行中宇航员生活的课题。

纳尔逊教授在研究观察中，发现黑熊有许多有趣又耐人寻味的事。

黑熊每年有 3 ～ 5 个月的漫长冬眠期。冬眠前，它每天花费 20 小时，戏剧性地、贪婪地吞咽大量食物和水，纳入的热量相当于 33.49 ～ 83.72 千焦。进入冬眠时，熊不吃不喝，也不排泄，每昼夜要消耗 16.74 千焦热量。这个时期，它仅靠额外组成的蛋白质营养身体，还从储存的脂肪中进行物质分解所分泌出的水分中，得到它身体蒸发需要的相等水分。蛋白质内部循环的强度，比平常要高 4 倍。

在黑熊冬眠最后阶段，体内没有形成蛋白质的分解物。血液中的氨基酸、蛋白质、尿素、尿酸和阿摩尼亚，在整个冬天都保持没有变化，也未发现肠内有氮的存在。尿每天都有，但尿形成后，经过膀胱壁又回到血液里，肾里只有极少的尿。

科学家们相信，控制动物冬眠的关键是一种特殊激素在起作用。这项研究如有突破，黑熊冬眠的奥秘即可揭开。动物生理学亦可能应用于航天事业，另外，还能解决医疗方面的一些问题，如慢性肾炎、过度肥胖症、营养不良和失眠症等。

第二章 宇宙及其探测与开发

广阔无垠的太空是个强辐射、高真空、微重力、无细菌、温度低、阳光足的环境。在这个环境里，蕴藏着人类取之不尽，用之不竭的宝藏。

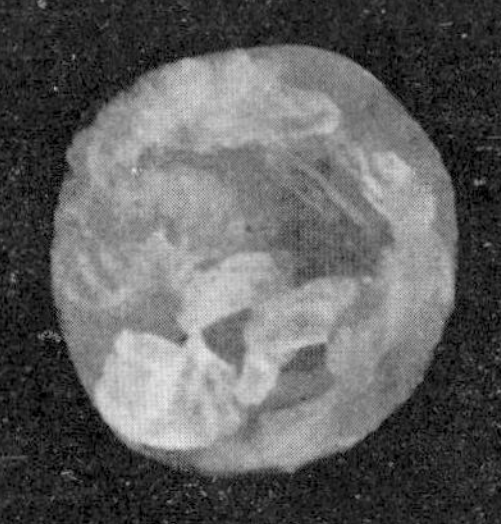

令人神往的火星

1971年11月，美国发射的“水手-9”号飞船进入火星轨道，成功地拍摄了火星全貌，确认火星上并不存在运河，火星的一个半球上有许多环形山，外貌很像月球；另一个半球则比较平坦。

1976年7月和8月，美国“海盗-1”号和“海盗-2”号飞船的着陆器分别在火星成功着陆。这两个着陆器携带了许多精密仪器，分析了火星的土壤，测量了风速、气压和温度，并确定了火星的大气成分。

2001年4月7日，美国“奥德赛号”探测器升空，6个月后进入火星轨道，对火星的地壳和大气进行分析，寻找水的痕迹。

其实，火星是与地球同期诞生的近邻，其直径是地球的一半，与太阳的距离相当日地距离的 1.5 倍。火星周围有一层稀薄的大气层，大气压只有地面的 1%，大气中二氧化碳占 95%，氮占 2.7%，氩占 15%，还有微量氧、一氧化碳和水汽等。火星地表温度与地球相近，火星赤道地区夏季中午气温可达 27 ℃，夜间温度降到 – 50℃以下。火星上没有水，也没有植物，更无河流，处处是环形山，强风常使红色尘土四处飞扬，但有洪水冲刷或淹没的“河床”；火星两极有厚达数千米的冰冠。

在这之后，火星考察将步入最终也是最困难的阶段——让人类登上火星。

火星陨石到达地球之谜

自从20世纪70年代以来，众多的科学家对地球上1万多块陨石进行反复研究，发现其中有极少部分是来自火星。

1983年，一些科学家经研究认为，月球上由于某种原因使一些大的陨石能脱离月球引力而到达地球。据此推论，陨石冲出火星引力也似乎是可能的。不过，脱离火星所需要的逃逸速度必须是月球上逃逸速度的2倍。由此看来，尽管从地球化学的角度证明这些陨石与火星有联系，但冲出火星引力从“力学”角度来看到底是否成立？现在美国加州理工学院的两位专门研究陨石的科学家得出了能够成立的结论。

那么，这些陨石到底是怎样飞离火星的呢？

有人认为，由于有质量很大、速度相当快的陨星撞击火星表面，因此撞下了几片陨石，使之以高速脱离了火星引力来到地球。

但是，立刻有人提出了疑义：火星陨石的碎片在高速运动物体的撞击下是会融熔乃至汽化的。从达到地球的陨石及碎片来看，没有这种迹象，说明它们脱离火星时所受的撞击并不是很大。

前面提到的两位美国专家认为：外来天体与火星产生倾斜碰撞，这种天体大量汽化，以致形成一种高速卷射气流（或称卷流），这种气流能挟带火星表面的岩石，加速运动到超过火星引力的逃逸速度。

很多科学家都同意这种说法。不过，要想真正弄清这个谜，还有待于科学技术的进一步发展。

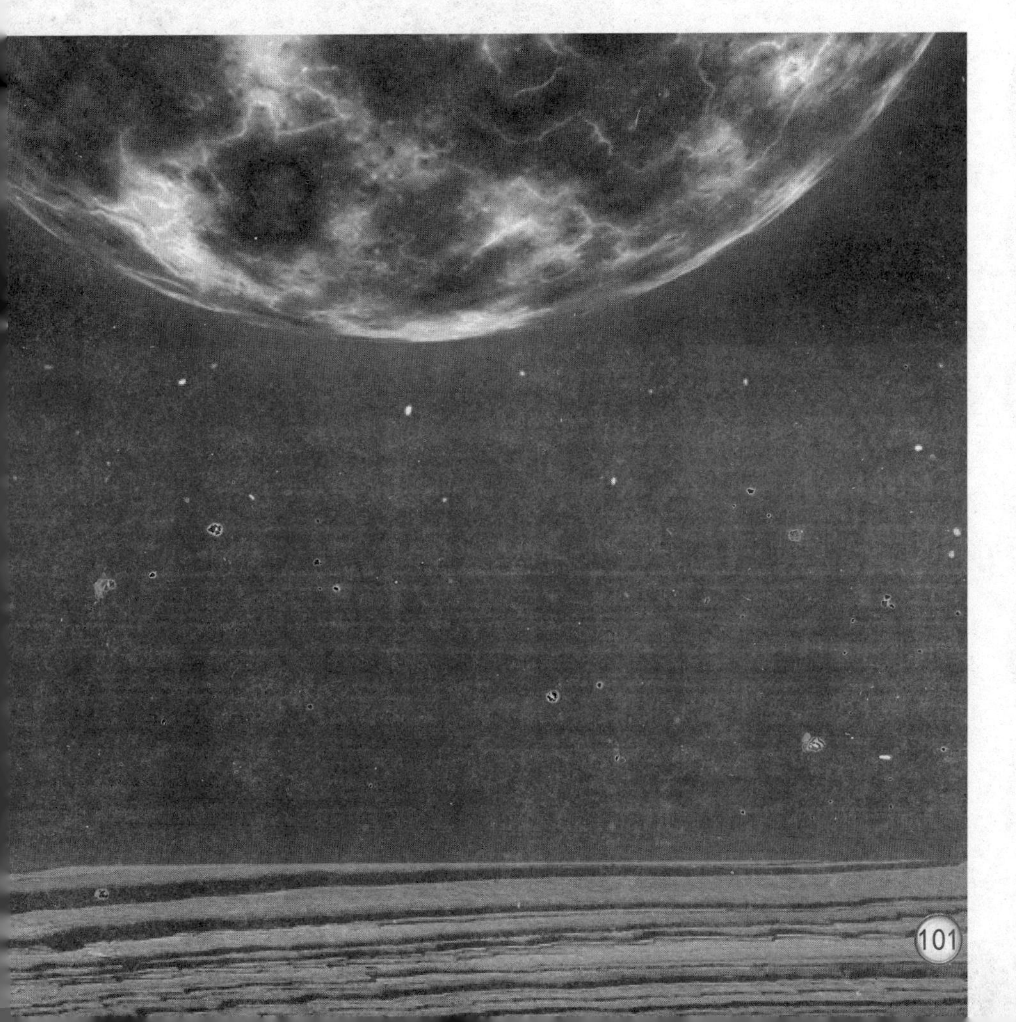

在火星大气层中发现激光

激光是人类继原子能、半导体、计算机之后，在20世纪中的又一大发明。激光的颜色最纯。激光的波长范围要比普通光小得多，通常只发射几种，甚至有时仅仅是一种波长的光。所以，它的单色性比普通光好上几万倍。激光的方向性极好。激光在传播中始终像一条笔直的细线，发散的角度极小。

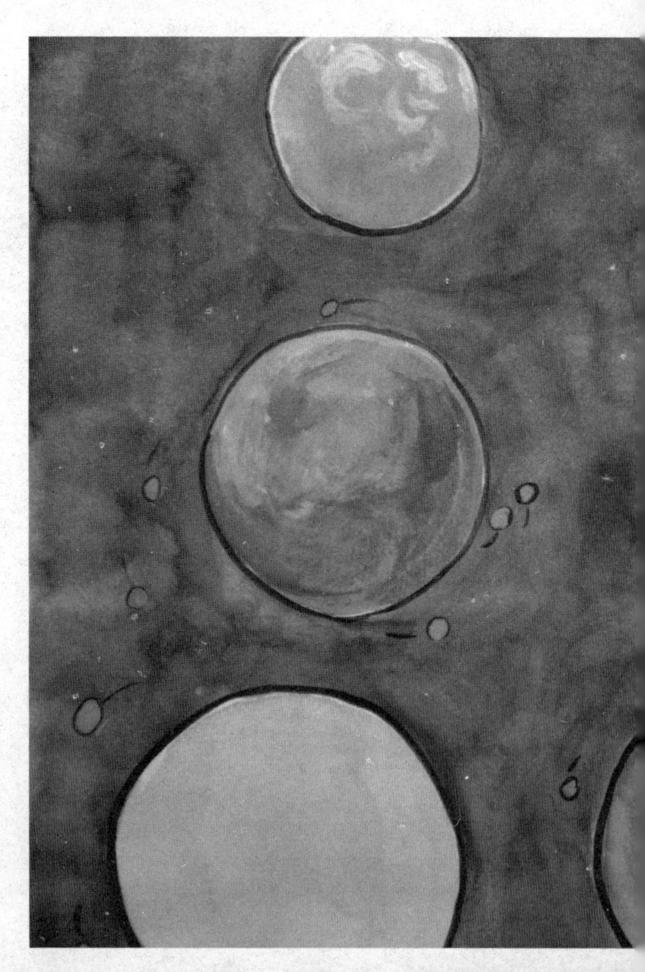

科学家们认为，自然界中还可能存在类似火星大气那样的激光辐射现象。例如，木星两极有时发出亮度极高的光辐射，有人认为这有可能是木星两极存在的氨受激励后形成了“氨激光器”。让人们最感兴趣的是，有人提出地球北极光中波长为4.5微米的强辐射，它很可能也是激光。人们由此提出了一个课题：地球大气层能成为一台巨大的激光器吗？要使地球大气层的激光成为像人工激光器所发射的那种方向性极好的激光，必须克服它发射散乱的缺点，在地球上空放置一套用以形成准直光束的轨道反射镜。有关研究机构已计划研究制造这种太空反射镜所需的技术。有朝一日，地球大气层如果成为一台天然激光器的话，它也许可以成为一种新的能源，让人欢欣鼓舞。

人类举步迈向火星

1995 年6月29日上午10时许，在距离地面300多千米的宇宙空间，刚刚成功对接的美国“阿特兰蒂斯号”航天飞机指令长胡特·吉布森的右手和俄罗斯“和平号”轨道空间站站长弗拉基

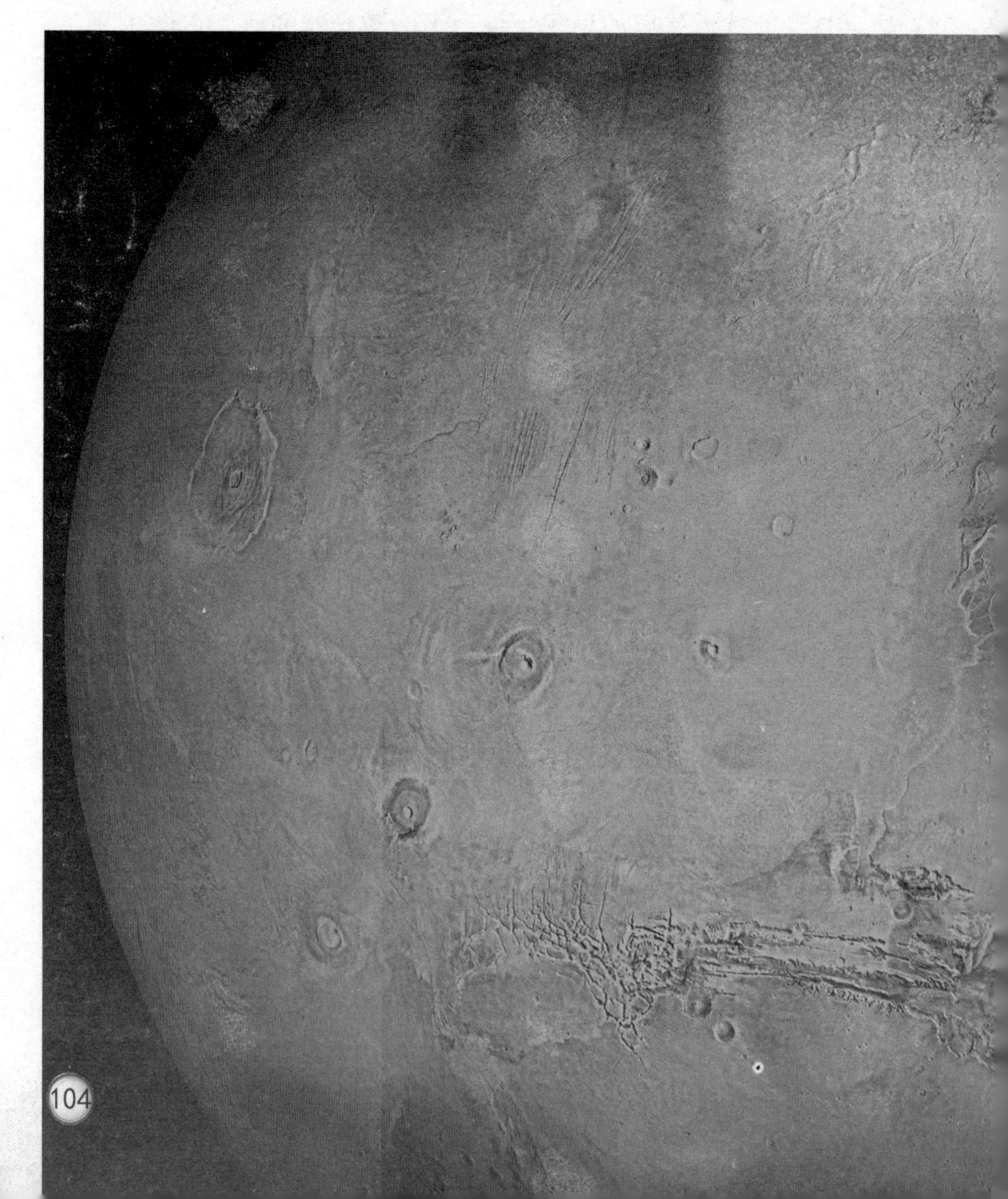

米尔的右手紧紧地握在一起。这是继 1975 年美国“阿波罗号”宇宙飞船和苏联“联盟号”宇宙飞船在空间成功对接之后，两个国家航天器的再次对接。这标志着国际合作探索外层空间的新时代已经到来。

这次美俄航天器的空中对接是两国空间技术合作的第一步。两国准备分步骤实施载人探测火星的宏伟目标。首先，利用俄罗斯“和平号”空间站作为基地进行必要的准备。其次，从 1998 年 11 月 20 日开始，建设一座国际空间站。

美俄两国计划在未来的国际空间站上进行长期合作研究，最终揭示零重力条件下的生命之谜。参加国际空间站建设的还有欧洲航天局 11 国和日本、加拿大、巴西等国家。

毫无疑问，国际空间站将成为人类长距离空间旅行的平台，它将成为人类探测火星的“实习”基地。

建设火星基地

火星的环境比月球更容易亲近。火星有相当于地球 1% 的大气，自转周期是 24 小时 37 分，也有四季变化。表面重力大约是地球的 1/3。

人类在火星上建设基地之前，进行了长期的探索。

火星基地远比月球基地距离地球远，因此从一开始就要求自给自足。火星上若有紧急事态发生，救援队从地球赶到火星也需要一年以上的时间。所以必须建立两个火星基地，以便互相支援帮助。

火星基地也许不仅营造在火星表面，而且也营造在其卫星福波斯和德莫斯之上。这两颗火星卫星和小行星一样，可能也含有很多有用的物质。

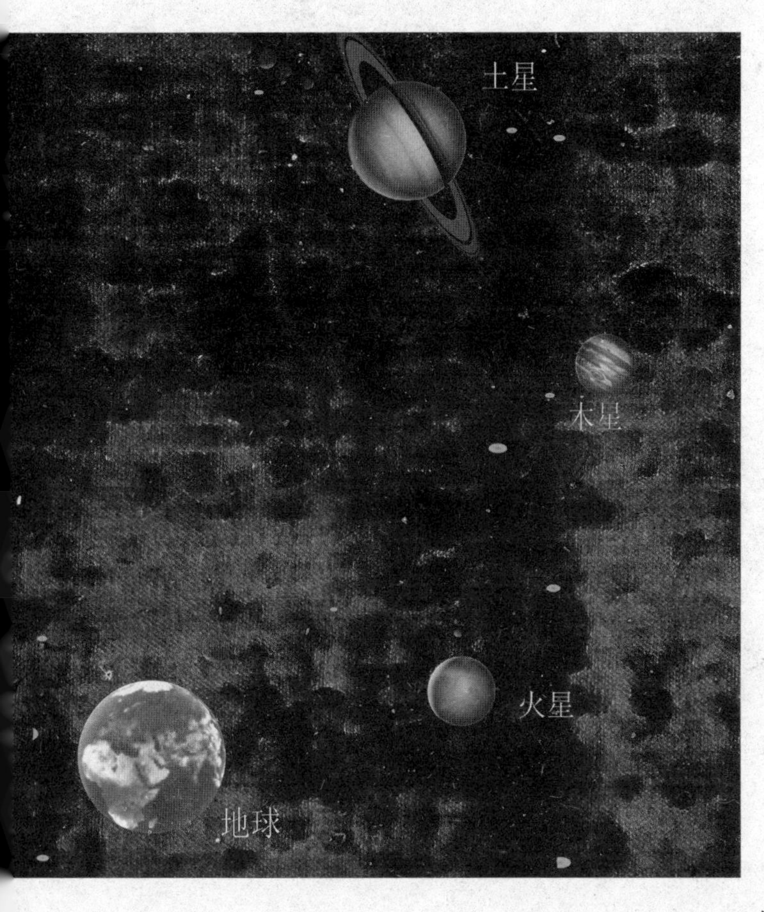

在火星卫星的轨道上建设作为火星门户的太空港。火星太空港运行在比福波斯更靠近火星的轨道上。

如果从福波斯和德莫斯伸出索道，那么以最小的能量，就能把来自地球的联络船首先用空气制动器减速，进入环绕火星的长椭圆轨道；其次与德莫斯向上方伸出的索道对接；最后沿索道而下，经过德莫斯，到达下索道的末端，从这里放出，不用火箭逆喷射，就能进入更低的轨道。联络船在经过福波斯时也采取同样的操作，然后与火星太空港对接，或直接突入火星大气。

绿化火星

绿化火星的工程计划是由美国宇航局、欧洲航天局和日本太空中心联合提出的。整个工程将分为五个时间段，计划在未来的200年内实现。

开创期——宇宙飞船将把在地球上预制的水滴状太空舱运送到火星表面。这种太空舱可居住14名太空人，其任务是进行种植庄稼的实验，分析火星周围的气体成分、尘埃状况和太阳辐射程度，勘探地质情况，寻找生命迹象。

温暖期——主要任务是提高火星温度。其办法是兴建一座化工厂，以小型核反应堆发电，释放出能导致温室效应的气体，生产出类似地球臭氧层的替代物，阻止火星上的热力扩散，将温度从-60℃升到-40℃。

巩固期——当火星上的温度上升到-15℃时，二氧化碳、氮气和从火星地壳中抽出的水的数量开始大规模地增加，火星大气层继续变厚，空中开始飘起朵朵白云，液态水开始在峡谷中聚积，一些苔藓植物开始在温暖的地带生长。

复苏期——当火星的大气层稳定后，火星上的平均温度便升到

了0℃。这时，一些微生物开始制造可供植物生长发育的土壤，一部分绿色植物开始脱离温室环境自由生长，火星上的人可短时间地靠吸入火星的大气生活。

绿色火星形成期——当火星上的平均温度上升到4℃～5℃时，两极的冰和永冻层大部分已经溶解，大河、湖泊以至海洋陆续形成，火星上开始经常性地降雨。这时已形成厚厚的大气层。在大气层的保护下，火星上移植的大量树木自行繁衍生长，农作物长势良好，这样，在人类不懈地努力下，又红又冷的火星就会变成一个绿色的星——人类的又一个故乡。

在北极建造模拟火星太空站

在北极地区建立的这个火星模拟太空站的建筑物有三层楼高，直径为 8 米，可供 6 人生活居住。火星太空站中有一个可膨胀的温室及一个用来安置太空车的车房。太空站的各部分均密封连接而成。模拟太空站的日常能源主要靠太阳能电池板所接受的阳光来

转换。不过，科学家认为位于北极的模拟太空站所能接收到的阳光，比一个建在火星赤道上的真正太空站实际接收到的阳光要少得多。模拟火星太空站上除了有客厅及寝室外，还设有无菌实验室、健身房、工作间和储藏室。

科学家认为，火星赤道很有可能是将来人类登陆火星的选择地。住在北极模拟火星太空站的科学家，在这里进行人类将来在火星上执行各种任务的模拟训练。负责具体制订人类火星太空站计划的科学家帕斯卡尔表示，他们此举要达到的目的有两个：一是向人们广泛宣传将来人类向火星移民的概念，争取世界各国对探索火星计划的支持；二是吸引私人企业对开发火星的兴趣，吸引他们对此投资。

国际火星学会派科学家在火星太空站里面工作，以体验和了解人类日后登陆火星将可能面临的各种问题。他们还希望借助此项实验来考验及改进人类在登陆火星时的那些不可缺少的水源挖掘及废物再循环设备，以便制订出火星探索计划，早日实现将人类送上火星的目标。

俄罗斯将进行载人火星飞行

由俄罗斯航天研究所研制的高能中子探测器，乘美国“奥德赛号”火星探测器于2001年4月7日发射升空，俄中子探测器将详细探测火星的近地表层，以确定火星地表下两米以内的含水区域，并绘制出这些区域的地图。俄罗斯科学家表示，水是生命的源泉，如果科学家能够确定火星上真的有大量的水存在，那么人类在火星上建立永久性考察站和航天基地的进度将会大大加快。

俄罗斯科学家阿纳托利·格里戈列夫说，“和平号”空间站15年来的尝试和失败，使俄罗斯在挑选、训练、供养和支持参与一年或一年以上空间飞行的宇航员方面，

积累了前所未有的经验。同时，这个过程也对如何使与距地球 4.48 亿千米远的宇航员保持身心健康提供了重要信息。美国专家也相信，俄罗斯人在解决长时间失重和绕地球飞行——而不是飞离地球的心理问题上处于领先地位。

“和平号”空间站——宇航员于该空间站的太空飞行纪录使俄罗斯在通过人类汗尿循环利用饮用水方面，获得了其他国家无法匹敌的经验。由该所负责的 10 颗“生物研究卫星”，已发现如何在星际鸟类饲养场饲养鹌鹑，从而为宇航员提供肉类和鸟蛋。

遥望太空的电子眼

澳大利亚天文学家运用带有电子眼的光学天文望远镜，成功地拍摄到船帆座脉冲星的照片。这颗星体的亮度微弱，只相当于从地球观察月亮上的一盏40瓦白炽灯，如果不用电了眼就无法觉察。电子眼实质上是一种对光和射线特别敏感的传感器。它的品种规格很多，如果按接受光波范围来划分，有红外电子眼、紫外电子眼、X光电子眼和 γ 射线电子眼等。

红外电子眼是用对红外线极为敏感的材料制成的，通常分为两大类：一类是光探测器，另一类是热探测器。红外电子眼不需要直接接触就能获知被测物体的温度、森林火灾等。装在气象卫星上的红外电子眼，可以预测全球气象变化，进行天气预报；装在遥感卫星上，通过地球表面微小温差的变化，可以探测地下热能的矿藏，测量森林面积和土地使用情况，预报粮食产量，观察农作物生长及病虫害情况；装在军用卫星上，可以发现水下40米处的舰艇、地下导弹发射井、飞机起飞、坦克行驶，以及部队集结和调遣；装在热像仪上，可测量人体热像图，由热像图上的亮度辨别出肿瘤的大小和部位。

紫外电子眼、X光电子眼和 γ 射线电子眼常常和红外电子眼一起安装在遥感卫星上，对地球进行全波段遥测。

拨云见日的太空望远镜

1609 年，意大利科学家伽利略研制出了世界上第一台望远镜。

400 年来，望远镜技术取得了巨大的进展。目前世界上最大的天文望远镜的口径达 6 米，它的转动部分总重量达 800 吨。然而，由于地球的周围蒙上了一层厚厚的大气层，它像纱幕似的挡住了天文学家的眼睛。为了摆脱大气层的干扰，他们期望有一天能到大气层外部进行天文观测。

随着美国第一架可往返的太空飞船——“哥伦比亚号”航天飞机的试飞成功，一系列新的、令人振奋的科学项目被列入了太空计划之中。其中一个十分引人注目的项目，就是安排航天飞机将一座“大型太空望远镜”送入环绕地球轨道。

这座大型太空望远镜

全长 13 米，直径 4.3 米，重 7.5 吨，其主镜的直径为 2.4 米。这座天文设备起到了地面望远镜所不能起到的作用。

由航天飞机带入轨道的太空望远镜，可不再受到大气的干扰，即使比目前所见的最暗弱的天体再微弱 50 倍的目标，太空望远镜也能将它记录在案。

太空望远镜在环绕地球运行时虽然没有重量，但是由于地球重力场的存在，实际上还是有一股很小的力作用在其身上。因此，要使这座太空望远镜的瞄准能力始终保持在 0.1 角秒的精度，望远镜内的计算机必须进行复杂的计算，小火箭也必须严格按规定时间点火。事实上这是很不容易的。

哈勃太空望远镜

由美国“发现号”航天飞机安置在距离地球610千米预定轨道上的哈勃太空望远镜，重达11吨，它的长度为13.3米，直径是4.3米，其中心部分为一面直径是2.4米的光学反射镜。望远镜的两侧各有一块长12米的太阳能电池板，看上去犹如一对大翅膀。

哈勃太空望远镜整套设备包括8种重要仪器，它会根据需要自动瞄准、跟踪星星，使望远镜准确地指向目标。其观测能力，就好像能把一束激光从华盛顿射到纽约的一个一毛钱硬币上那样神奇、准确。

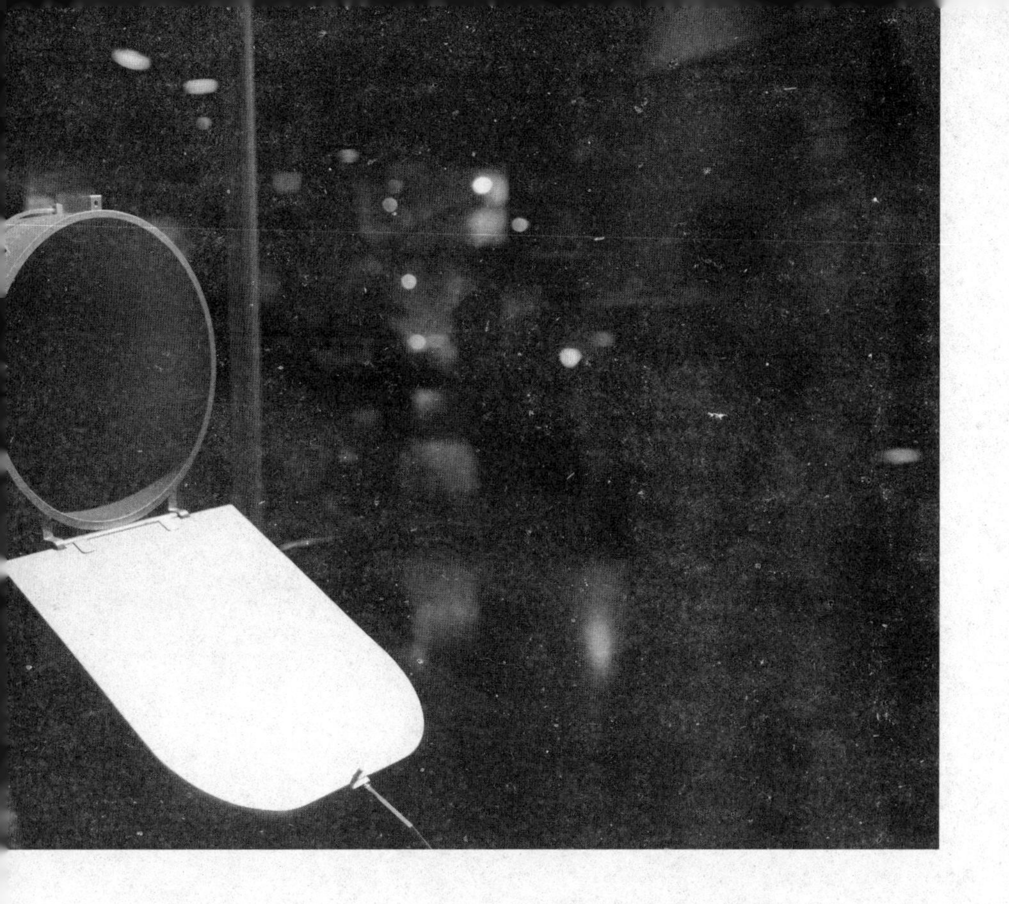

探索宇宙的形成和发展，必须观察研究充斥于宇宙中的各种射线或波长。由于大气层的限制，因此就算地球上的望远镜再先进，也无法观察某些射线。太空望远镜则能观察到光线最微弱、最遥远的一些天体。它们的光是这些天体数十亿年之前发出的。

哈勃太空望远镜是 20 世纪 90 年代一系列天文望远镜送入地球轨道的第一架。哈勃望远镜主要用于观察那些可见的紫外线辐射线。

继哈勃望远镜之后，送入太空的第二架大型天文望远镜是伽马射线太空望远镜。伽马射线穿透力极强，不能直接观察到，但能用探测器加以记录和计量。

接着，发射了探测 X 射线的太空望远镜。研究宇宙中的 X 射线将有助于解开宇宙中的黑洞之谜。

机器人走向太空

在1997年7月的一个早晨，一个小型的机器人越野车挂在降落伞下，通过火星稀薄的大气降落在火星的地面上。这辆60厘米长、六轮的越野车装备有一台计算机、太阳能电池板、传感器、一台X射线光谱仪、摄像机和一台使它能够通过着陆装置同地球联系的无线电台。

它进行了诸如拍摄岩石照片、评估火星尘的性质和通过在它一个轮子上安装的金属爪来抓岩石，测试岩石的硬度等科学研究工作。

这次使命是要试验机器人在了解甚少的火星地形上的功能。美国宇航局说："这个越野车主要是一次技术本身的试验。"

这辆越野车在火星表面上行驶和活动成功的程度将影响未来空间机器人的设计——这是一项具有重大挑战的任务。送到空间去的机器人必须具有适应力、可靠性，而且最终它们必须有一定程度的自主性。

科学家已成功地给其火星"导航者"机器人一定程度的独立性。科学家将指示它到哪里去，干什么工作，但是它可以自主地执行这些任务，并在沿着一条轨迹行进时避开冲撞。

机器人技术专家认为，飞行到太阳系较远的地方去，将要求机器人有较大的独立行动的能力。

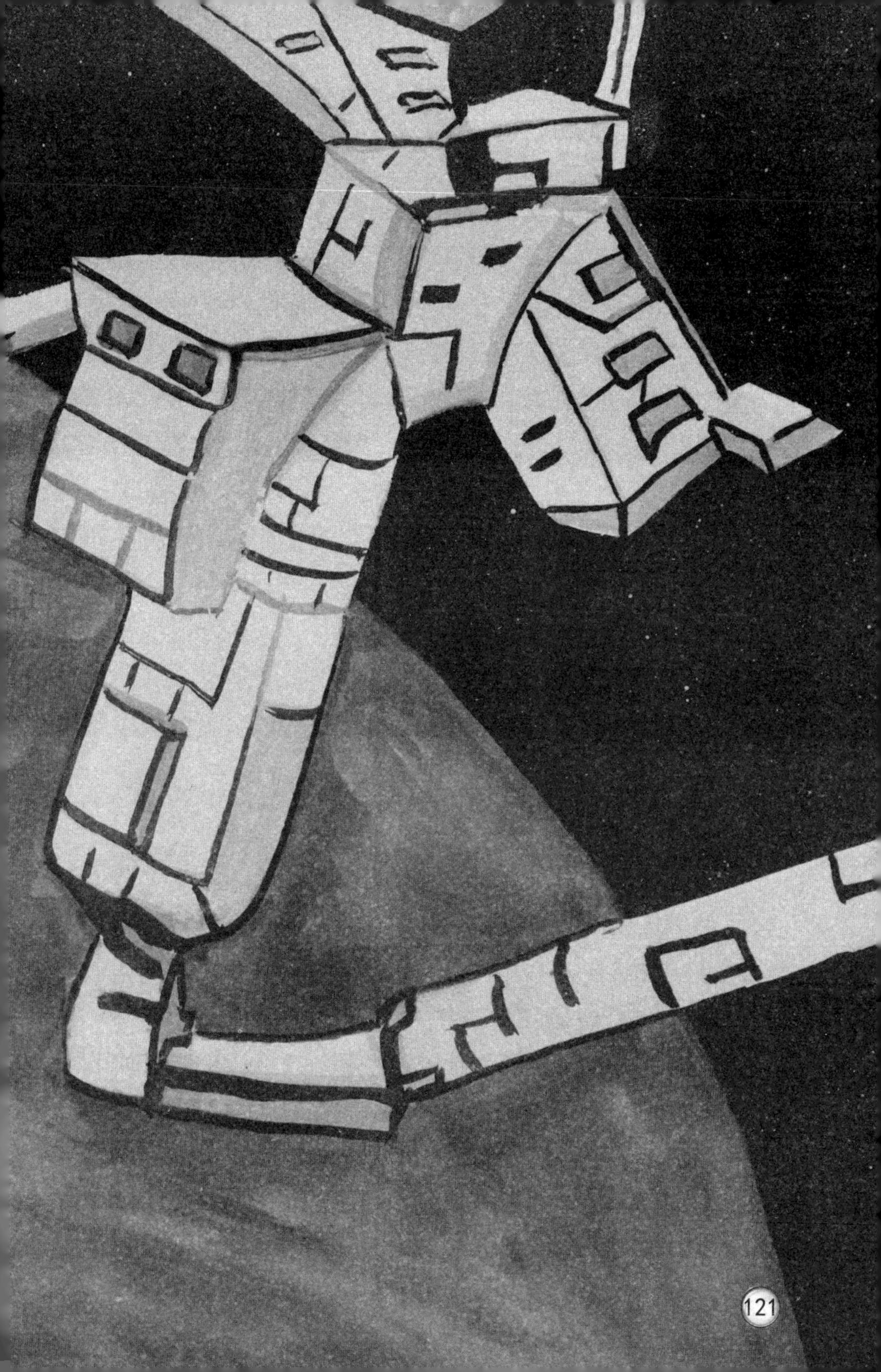

宇宙飞行机器人

宇宙飞行机器人在无重力的太空中完成建设和维护工作，其运动方式和控制方式都与地面机器人有很大区别。宇宙飞行机器人平时飘浮在太空中，依靠其自身携带的推进器完成平移和旋转运动，就是以“飞行”方式进行运动的。宇宙飞行机器人受惯性力和其他物体对它的反作用力影响十分严重，例如，机器人工作时腕部的振动会引起机器人主体姿态的变动，机器人捕捉飞翔物体时又会引起机器人主体的转动等，这些都是它与地面机器人的不同之处，也是各国科学家研究的课题。一旦宇宙飞行机器人付诸实用，将极大地促进人类对宇宙开发的进程，为人类创造更加美好的明天。

美国宇航局局长丹尼尔·戈尔丁在纪念美国人首次太空飞行 40

周年“研讨会”上说：“我们被锁在地球轨道内的时间太久了，但我们将很快打破这一禁锢。”“让我们牢牢记住：人类不能满足于一个星球的生存空间；让我们牢牢记住：在我们有生之年，人类的疆域将扩展到其他星球，到太阳系的其他天体；我们将建造机器人，送它们去探索太阳系外的星球，作为人类探索的先遣队。”

21 世纪人类将飞往何处

2001 年 5 月 8 日，美国宇航局局长丹尼尔·戈尔丁在一次会议上预测，未来人类的足迹可以踏上火星。

在未来 100 年内，人类将开始进行星际间旅行，能驶往 α 半人马星座或巴纳德星。

科学家认为，未来进行星际旅行的基本手段大约有三种。

低速世界飞船——“世界飞船”是一种庞大的、旋转着的圆柱形宇宙飞船。星际间旅行将需要几千年时间，因此，在到达目的地之前，要在世界飞船上繁衍、死亡数代人。

生物医学延长寿命——通过遗传工程使人类寿命得以延长。因此，不论世界飞船速度如何，也会使旅行者飞到星系目的地。

时钟慢走——世界飞船以接近光速的速度飞行，相对论效应会使时间膨胀，从而使飞船乘客感到旅程缩短。

在 21 光年范围内，约有 100 颗恒星，它们是银河系内人类可探查到的第一个停靠港。α 半人马星座有 3 颗恒星大约距地球 4.3 光年。这 3 颗星中距地球最近的是称为比邻星的红矮星。该星座的主要星是 α 半人马星座 A，它是一颗太阳样的黄色星，但比太阳质量大得多，明亮得多；较暗的一颗是称为 α 半人马星座 B 的橙色星，它以约 80 年的周期绕 α 半人马星座 A 转动。

在 α 半人马星座之后，下一颗最近的恒星是巴纳德星——另一颗红矮星。它的通过空间的特有运动表明，可能有一颗或几颗行星围绕它转动。但巴纳德星上存在已进化生命的可能性甚小，因为它还从未达到可能产生核反应的温度。

21 世纪的航天器

科学家认为，从现在开始，一旦航天技术向着实际应用的目标发展，它在 21 世纪的情况将大为改观。

航天技术的实际应用之一是科学探测。美国喷气推进实验室计划在 21 世纪初实施的两项太空探测使命是“冥王星快速探测飞行”

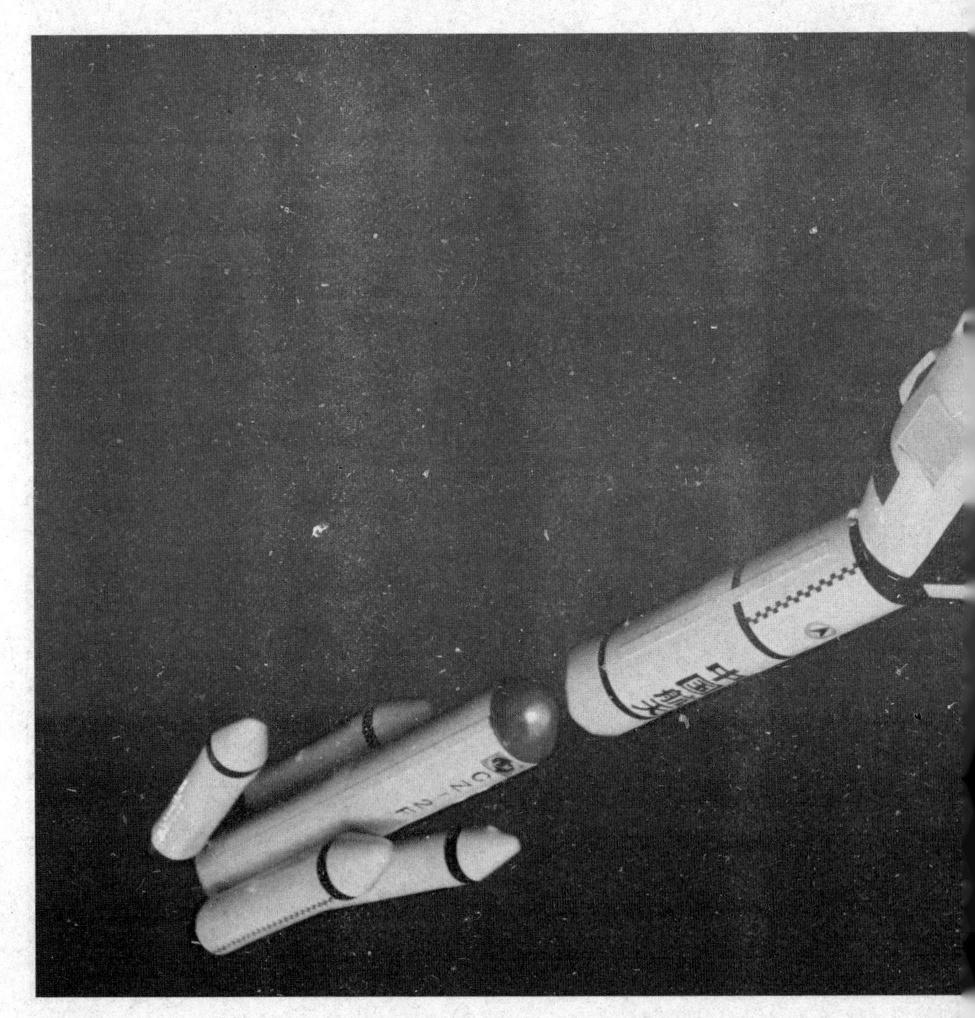

和“凯珀快车”。

21世纪的航天器，一是体积不断缩小。上述两项计划的构想均建立在航天设备小型化的基础之上，已设计出的新航天器样机的重量只有5千克，但其功能完全可与现在重200多千克的“旅行者号”探测器相媲美。

二是日益多样化的推进系统。科学家们为未来航天器设计的推进系统有核电推进器、太阳能电力推进器、激光推进器、太阳帆和电磁冲压加速器等，但太阳能电力推进系统被认为是最有希望的，它利用了低推力的离子喷射器。

三是空间站的发展。空间站是无人飞行器。一艘吨级大型载人飞船需要2万平方米的太阳能电池板，其面积比一个足球场还大；而无人飞行器的重量则可减少到几千克，仅需直径为10～20米的电池板。这样的超小型航天器对科学研究是十分理想的，也适用于大多数商业和军事领域，其主要任务是在重量很轻的设备中处理大量信息。

开拓太空

人类频繁地进入太空，到地球以外的星球上定居，将为深入考察太阳系和整个宇宙创造前所未有的有利条件。宇宙的演化，生命的起源，黑洞的假设，重力波的存在，地球以外的生物体，这些困惑着人类的重大科学问题，将会在开拓天疆的道路上找到满意的答案。人类可以离开地球，以旁观者的身份对地球上的大陆漂移、火山、地震、天气进行观测和预报。

开办太空企业，这是更有吸引力的、直接造福人类的事业。在宇宙空间物质结合的方式和地面上不一样。在

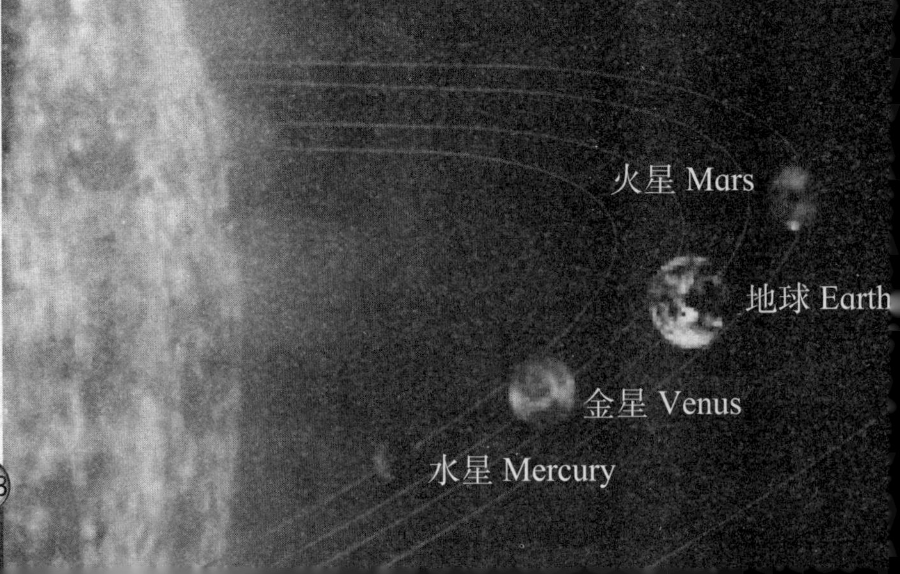

火星 Mars
地球 Earth
金星 Venus
水星 Mercury

地面上的实验室里，有许多金属无法相互融合，可是在太空却办到了。

在太空中还有另外一个惊人的好处可以利用。在地面上必须用坩埚来熔炼金属，但坩埚对金属的质量会产生影响。埚底的沉淀物会污染埚内最末一批产品。但在失重状态下的太空，就不需要坩埚，熔炼的物质都飘在空中。因此，在宇宙空间，能炼出完美无缺的合金，像金锗合金、铅锑合金、铅锡铟合金等。同样，新的玻璃问世，可以影响整个光学领域，如照相、电影、电视、望远镜、显微镜等。

太空企业得天独厚，将激励一代和数代企业家去开发，去发现新机会，创造新企业。

失重给人类带来福音

科学家发现，利用失重现象，可以在宇宙空间里生产、制造出许多优异的材料和产品。因为在失重环境中那些得天独厚的条件是地球上模拟不了的。由于没有轻重之分，不同成分的液体混合在一起，不会发生分层现象，也不会产生冷热对流的作用。这样冷却后的物体，其结构非常均匀、细密。利用这一点，可以冶炼出内部没有丝毫缺陷的合金和复合材料。如果向液态金属里充气，能够得到像木材一样轻、比钢铁还要坚硬的泡沫金属；而泡沫金属在宇航事业上和现代建筑业上，大有用场。在失重条件下，液态金属可以像水银那样自然而然地形成圆球,所以制造出来的滚珠都是滚圆的，人们可以获得理想的滚珠轴承。在失重环境中，无论是固体还是液体，都能自由地悬浮在空中。在冶炼金属时就不需要用容器盛放冶炼的材料，而使材料悬浮在空中就可以了。一是冶炼不受容器耐温能力的限制，可以冶炼任何难熔金属；二是不受容器化学成分的影响，可以冶炼出纯度高、表面又很完整的材料。

失　重

物体在引力场中自由运动时有质量而不表现重量或重量较小的一种状态，又称零重力。失重有时泛指零重力和微重力环境。确切地讲，当加速度竖直向下时为失重状态。

利用失重环境，还可以冶炼出细得要用放大镜才能看得见的金属丝，获得几乎透明的金属膜。在宇航站上生产的蓝宝石“针”，每平方厘米可以承受 1.96×10^{8} 帕的压力，其强度比地球上同类物质高出 10 倍。随着宇宙工业的发展，失重世界将给人类带来更多在地球上不敢想的好处。

特殊的太空高真空环境

人们把恒星之间广袤无际的宇宙空间称为太空。顾名思义，那里是一个真空地带。

人造卫星、宇航飞船和航天飞机能在太空长时间飞行，都是由于有了太空中的真空环境，不然的话，在气层里早就被烧毁了。在高度真空环境中，由于没有空气和灰尘，因此可以进行高纯度、高

质量的冶炼、焊接，分离出一些物质。高真空的环境还有它的特殊用途。就拿稀有金属铌来说吧！这种金属有许多优异的特性，在炼钢时，加一些铌铁进去，就可以炼出具有良好耐热性的低合金高强度钢，铌酸盐类单晶可以作为激光和红外探测的元件材料。

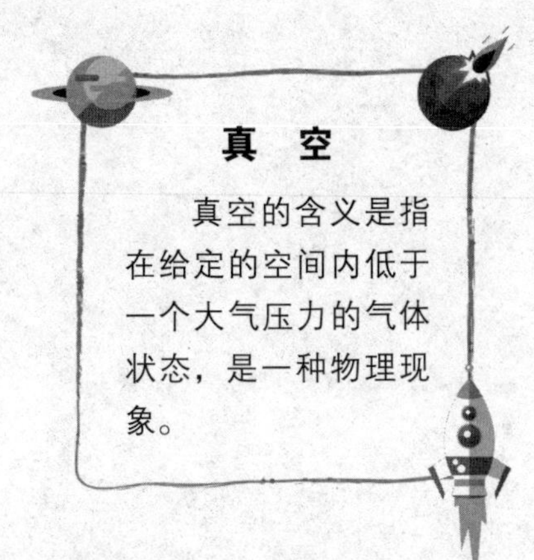

可是铌是高熔点金属之一，它的熔点高达 2468℃，所以冶炼时往往采用阴极电子枪发射电子，对它进行轰击熔化。

不仅如此，铌还有一种非常奇怪的“脾气”：在常温下它的性能相当稳定，但在高温时能吸收氧、氢、氮等气体。当把它加热到 300℃以上，就要大量吸收氢，最多时它“吃进”的氢气比其本身体积要大几百倍。吸氢后，铌就会变脆，失去实用价值。所以熔炼铌时，不仅要高温，还要高真空。真空度越高，炼出来的铌纯度就越高，性能就越好。

太空是个天然的低温世界

1960 年 8 月 24 日，科学家在南极洲测得了 –88.3℃的低温数值，这在当时是从来没有过的最低气温纪录。难怪人们把那里称为“世界寒极”。

可是，跟月球相比，地球上的寒极还算暖和。在月球上，背着太阳那一面的温度，能下降到 –160℃，真是个名副其实的“广寒宫”啊！

不过，这还不是最低的温度。在宇宙深处远离太阳的海王星，温度竟低到 –229℃。

科学家们从理论上推算出这个尽头为 –273.15℃，叫它“绝对零

度”；人们通常把低于 –273.15℃的温度，叫作超低温。

我们所居住的地球四周罩有一层厚达150～200千米的大气层，它好像给地球穿了一件厚厚的、具有良好保温作用的外衣，即使在最冷的南极洲，气温也不过是零下几十摄氏度而已。

可是航行在太空的人造卫星，四周是没有大气层保护的。它向阳面温度高，背阴面温度甚至可低到 –150℃以下。要是使人造卫星像月亮面对地球一样，有一面始终背向着太阳，那么它的背阴面就是天然低温世界了。

低温世界除了可以获得几十种金属、几千种合金及化合物的超导体外，最令人神往的是有关冬眠的科学实验。科学家证实，人工冬眠的动物，新陈代谢会变慢或暂时中止，但是它不但不会毁坏动物的细胞和组织，相反还能延缓它们的分解和死亡。

宇宙空间的冶金环境

宇宙空间为冶金提供了优越的环境：一是超高真空，二是低重力。

在地球上生产更为理想的新材料，引力（重力）是一大障碍。由于引力在加工制造过程中影响材料的成分和结构，因此使材料达不到强度要求。引力会给材料加工制造带来很多不良影响。

在宇宙空间冶炼金属，情况就完全不同了。它是在微引力下工作的，所受的引力只是地球引力的百万分之一。在这种微引力的情况下，由于没有对流的沉积，因此不同比重的材料一旦混合在一起就不再分离。所以，在宇宙空间里，物质都能够得到很好的结合，从而制造出地球上不能合成的合金材料，这种特殊的合金运回地球仍然非常稳定。

在宇宙空间，固体、液体、气体共存。在失重的状态下，向熔化的钢水中加入氢气并使其均匀地扩散、冷却，就会形成一种泡沫钢。用这种方法还可以制成泡沫铝、泡沫陶瓷和泡沫玻璃。因此，宇宙

冶金能制成重量轻、强度大、为尖端科学技术服务的理想材料。

在失重状态下熔炼金属，可以消除熔化液体中因重力作用而产生的对流现象，能更好地控制液体和气体热量的传递，从而获得均匀度极高的产品。宇宙冶金是采用无容器熔炼法，没有其他物质的污染和容器壁的影响，熔炼出的材料纯度极高，可以得到性能极好的晶体材料。

得天独厚的太空制药厂

1985年，美国专家和制药厂商共同设计了第一家太空制药厂。该制药厂装在飞船舱内，其重量为2270千克，包括24个小车间。美国科学家认为这种生产方法不仅使产品具有无可比拟的高纯度，而且价格便宜。

第一个从事太空制药研究的美国专家吉姆·罗斯曾说，未来将从太空中获得上百种药物，特别是以下几种产品：

抗血友病基质——其作用与尿激酶恰好相反。用常规所得到的该基质纯度很差，患者服用后往往引起变态反应，而太空药厂生产的这种基质则可以克服以上缺陷。

干扰素——这是一种糖蛋白，可抗病毒感染，也有一定的抗癌作用。太空制药厂所提供的这种产品纯度远比地面上生产的高。

抗胰蛋白酶α蛋白——这种药物对肺气肿和肺泡肿胀有效。

β细胞——这是胰腺分泌的一种细胞，是治疗糖尿病的良药。

愈合药——目前对严重的跌伤和烧伤治疗，都使用从动物胎儿中提取出的血清。但如果用控制真皮生长的蛋白质会更有效，它是由人体颌下腺分泌的。这种药物的纯度要求异常高，必须在太空中制造。

促进红细胞蛋白增生的蛋白质——这是一种治疗贫血的珍贵良药，并能减少输血量。这种药同样要求极高的纯度。

太空制药厂建成后，宇宙飞船每年必须至少两次向工厂提供能源补给。科学家们正研究不使用来自地球上的能源，而使它们与轨道上的太阳能中心相连接。

肩负重大使命的太空动物园

为了了解和验证动物的太空习性，以便为人类在不久的将来到太空去生活和工作摸索出一些经验，人们开始了宇宙动物学的研究，在宇宙飞船上建立的动物实验室，人们亲切地称它为“太空动

物园”。

在太空动物园的 2 倍地面重力的区域里，生活着一群小鸡。它们在那儿生活了 18 个星期后，回到地面时体重普遍下降，膝盖骨明显变形，肌丝受到损伤。

太空动物园中的猫、狗、猴的抵抗力都较好，猴子可以安全返回而不得什么“太空病”，狗也基本健康而归；相比之下，猫的身体状况欠佳。可以认为动物愈高等，自动调节适应太空变异环境的能力愈强。

在有鱼类和青蛙参加的太空失重状态实验中发现，鱼的耐失重能力比青蛙好，青蛙的耐失重能力比猴子好。这说明水生动物的耐失重能力一般比陆生动物好，而两栖类居中，原因尚待进一步研究。据推想，可能是水生动物的细胞组织结构较疏松、较轻盈，对重力变化敏感度小些。

在太空动物园里生活，可以改变动物的遗传性能。比如，在太空孵出的鳃足虫，到第三代都寿命不长，但草履虫的繁殖率提高了 4 倍。据研究，是太空辐射使遗传物质中的染色体发生变异的缘故。

选植物种子去太空“修炼”

“在太空‘修炼’的种子要毕业回家了。”

1996年11月8日，北京卫星制造厂热闹非凡。来自农业部、中科院等8个有关部门的客人，在这里迎来了来自太空的宠儿——中

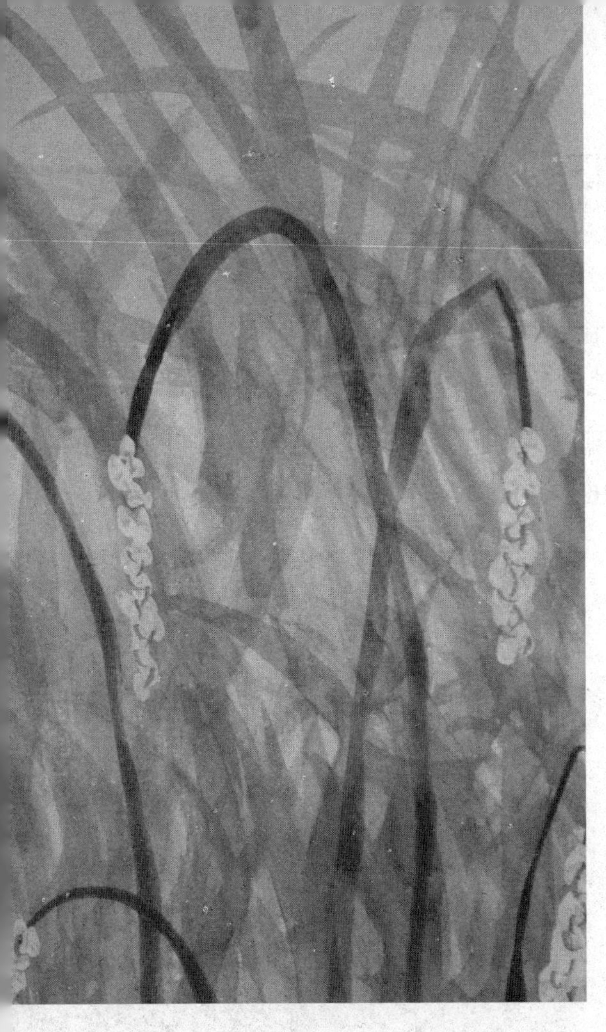

国第17颗返回式卫星上搭载的种子。

10月20日，甘肃酒泉卫星发射中心的专家们目送着他们的“宝贝”——植物种子，在地动山摇的轰鸣声中开始太空“修炼”之旅。11月4日，卫星里的种子在太空遨游了15天，绕地球239圈后，回到了祖国的怀抱。之后，它在农业科学家的呵护下，在祖国的肥沃土壤里繁衍生长。

经过太空“修炼”的种子是否已成“正果”？专家们发现，经过6年的种植、培育、选择和测定，经过搭载的“农垦58”水稻纯系种子，不仅穗长、粒大，有的一株上竟长出3～4穗，亩产可达600千克以上。

专家认为，空间科学向农业育种的渗透，有可能发展成为空间诱变育种的一个新的边缘学科。

如果一颗卫星带300～400千克的种子，经过地面选育，可推广到1亿亩土地上种植，按亩产增加15%的保守计算，大约亩产可增加40千克，总产可增加40亿千克。这将是一项具有巨大经济效益和社会效益的事业。

未来的空间采矿基地

月球蕴藏60种矿物，除了硅、铁、铝、镁等地球上用量最大的矿物元素外，还有6种是地球没有的。

自从太阳系形成以来，月球表面一直受到陨石和小行星的连续撞击，致使表面覆盖上一层10～20米甚至更厚的细磨砂土，所以，月球上的矿物分布趋向一致。因此，在月球上采矿用不着为寻找深层矿藏而钻探，全部为露天矿，可以露天开采。

不过，在月球上采矿仍需要克服许多困难。首先要在月球上建立采矿基地，其次要把采出的矿石用一串串的电磁桶运到月球轨道上的冶炼厂。还要解决大规模采矿的用水问题，因为到目前为止，月球上还没有发现水。

空间采矿最有希望的是一些小行星。在太阳系大约有4万颗小行星。科学家认为，现在至少有几十颗小

行星可以进行宇宙采矿。小行星采矿比月球采矿容易，很多小行星具有容易与宇宙飞船会合的轨道特性。有的小行星接近地球轨道，并在近似地球轨道内移动；有的小行星轨道跟地球非常近，曾在距离地球一百多万千米，甚至几十万千米处擦肩而过；还有的小行星的轨道运动方向与地球正好相反。这些条件使宇宙飞船只需要较少的燃料就能飞向小行星，将它捕获、牵引到需要的轨道上，开采后并将矿石送到宇宙冶炼厂进行冶炼。

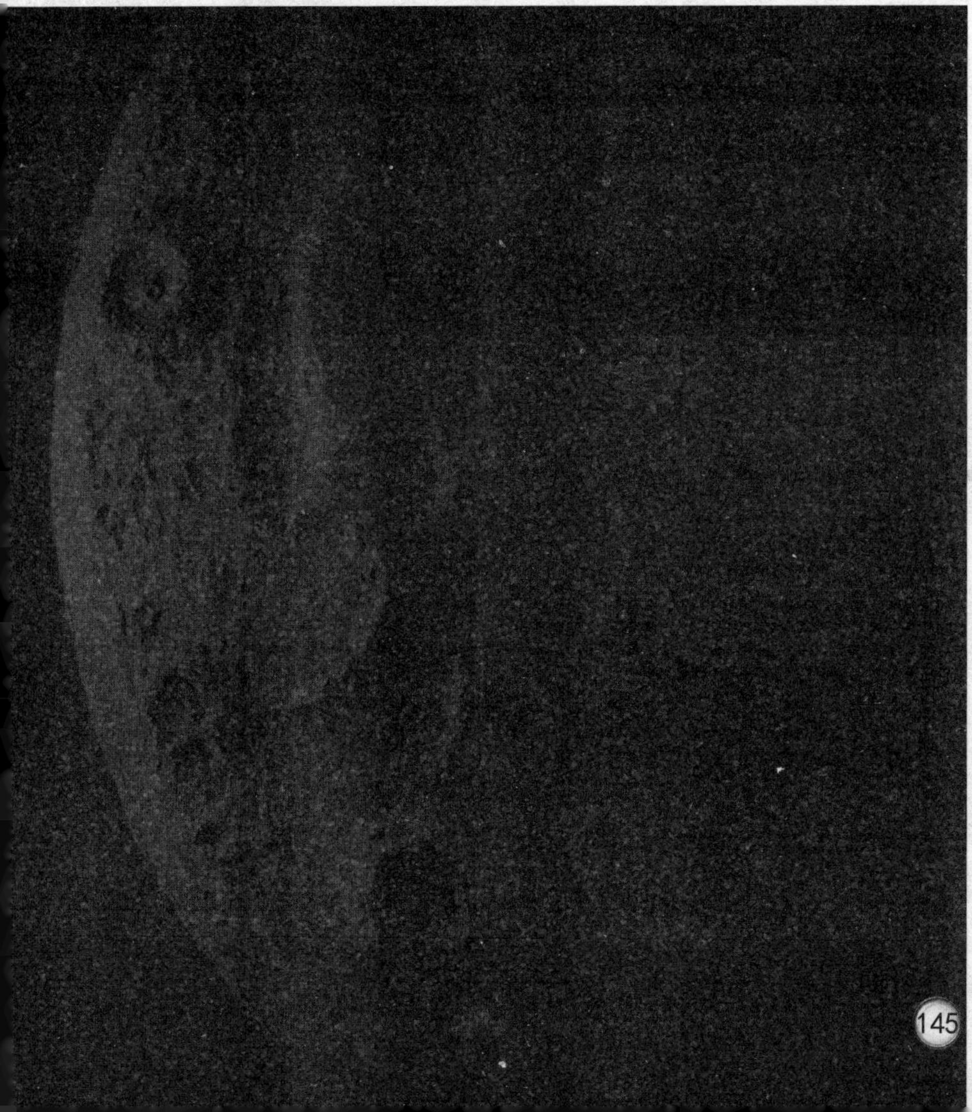

不打地基的宇宙空间建筑

宇宙空间建筑有哪些特殊条件呢？最大的两个特殊条件，一是失重，二是没有空气。这两条都给空间建筑带来许多方便。

物体在宇宙空间没有重量，因而不像在地球上那样，需要承受它们的重力。在宇宙空间，建筑物当然没有打地基的工程，只要把建筑物的各个部件互相连接起来，固定在一起就可以了。

在没有空气的环境里工作，必须穿上宇航服。宇航服臃肿笨重，容易使人疲劳。因此，工人操作需要许多机械工具，工作时间还不能太长。如果能坐在有特殊设备的飞行机器中，穿着便服，用机械手操作，效率就可以高得多。

在宇宙空间建筑一座空间基地，大约需要 10 万吨材料，都是具有特殊性能的高级合成材料。它们的成本很高，大约每千克需要 100 美元。有人提议把月球作为主要的原料基地。因为，月球上的引力小于地球，从月球运用运载火箭将原料发射到空间进行冶炼和加工，有许多条件比地球上优越。看来将来很可能在月球上开采优

质矿石，再把矿石发射到空间工厂去冶炼和加工，至于工厂需要的能源，将由太阳提供。因为空间工厂终年都能照射到阳光。

人们还计划在空间建筑一种“月镜”，它是直径300多米的大镜子，“月镜”反射到地球上的阳光相当于200～300个月亮，可以作为城市上空的路灯，也可以用来增加农作物的日照。

别具一格的太空旅馆

广漠无垠的太空是神秘诱人的。千百年来，人们一直梦想登天遨游。

20 世纪 60 年代以来，火箭、卫星、飞船，不断地探索开发外层空间的道路。几十年来，有成百人次乘宇宙飞船进入了太空。特别是美国“哥伦比亚号”航天飞机的试飞成功，为人们游览太空展现了广阔的前景。

但是，“哥伦比亚号”航天飞机连驾驶员在内，最多只能乘坐 10 个人。于是，设计师们决定设计能容纳更多人的“航天客机”。航天客机内设有一个客舱，70 多个座位分上下两层，有两部楼梯相连。航天客机发射时的超重现象，只有发射“阿波罗”飞船时超重的 1/3，不会使人产生难以忍受的感觉。

伴随航天客机航线的不断延伸，必然要在途中设立太空旅馆，设计中的太空旅馆更是别具一格，主体是一个庞大环形室。环形室内部，设有居室、公园、运动场、游泳池、娱乐场、商店、医院、影剧院等。那里使用的交通工具是自行车和电动汽车。

在环形室主体外部，设置工业区和农业区。这里的阳光，是靠太阳光的照射、反射来的。在太空旅馆上设有一个巨大的天窗和反光镜，自行调节光的强度、照射时间和角度，从而形成分明的昼夜和四季变化。

太空旅馆的设计、建设和使用，将为大规模太空城的建造，开辟一条更加宽广的道路。

未来的宇宙城

从美国的“哥伦比亚”号航天飞机成功地降落到地面后，人们树立起了在地球以外建立居民区的坚定信心。一些自然科学家和社会学家已经在着手研究和设计宇宙城，为人类创造一个全新的文明世界。

美国一位宇宙学和物理学专家 J. 彼得·维杰克博士在他撰写的《世界不会灭亡》一书中写道：为建造宇宙城的人们所设计的第一批住所将是一些以液态氢为燃料的巨室，它们由宇宙飞船载入太空。它们的直径为 8.5 米，高 31 米，相当于一个 11 层高的铁塔。里面被隔成许多层楼面，每层设有三间房屋，并被安上地板、各类管道、电缆线，以及必需的生活用品和家具。有几层是作为公共设施的场所：盥洗间、浴室、厨房、饭厅、图书馆、音乐室、健身房等。

根据设想，未来的宇宙城将是一座有 5 万～7 万人的中型城市或少数人口达到几千万的大型城市。所有的城市

规划都将按照地球移民的特殊生活方式来设计，并保持人口密度的平衡。

宇宙城里还设有许多娱乐场所，居民们能够参加各类丰富的文体活动。

随着世界宇宙工业的飞跃发展，人类的各种科学研究也将会有很大的飞跃。在宇宙城里，低温物理学、气象学、遗传学、医学等都是重要的研究项目，遗传工程学将会有重大突破，并将成为发展动植物新物种，认识和改变生命衰老进程，有控制地培养实用微生物新品种的强有力手段。